アイデアを生み出す **超** 問題解決法

層別図解法

QCサークル千葉地区 ［編］
山本泰彦 ［監修］

山本泰彦　藤田敬泰
猿渡直樹　藤岡秀之
近藤正人　浦邉　彰
上家辰徳 ［著］

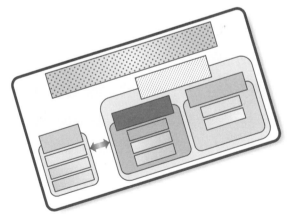

日科技連

はじめに

　ある会議のリーダーとして、あなたが「自分たちの工場のあるべき姿」について話し合ったとします。いきなりこうした大きなテーマを投げかけても、おそらく、メンバーの意見は出ないでしょう。そこで、ブレーン・ストーミングなどを使い、いろいろな意見が出るような工夫をします。しかし、いくら意見が出ても、そのままでは問題の解決はできません。議論を進めて方向性を示したり、結論に導いたりするために、出てきた意見を集約するためのツールが必要になります。メンバーから出された意見や提案を、いまの職場のスピード感に合わせて全員にわかりやすく図形化して処理する手法、それが「層別図解法」です。

　ある都心近郊のホテルの会議室です。ある会社の役員合宿に、会長、社長以下、執行役員以上が15名ほど集まっています。この会社は100％出資会社を数社持つホールディングスで、その子会社の代表役員もホールディングスの兼務役員として参加しています。この合宿の議題は、「少子高齢化の中で、縮小傾向にある国内市場に対し今後の成長戦略をどうするか？」というものです。2日間にわたって、熱心な討議が交わされました。この討議を受けて中期経営計画につなげたい、というトップの意向があり、2日間のディスカッションの内容を会議終了時点にその場で見える化し、役員全員の認識をすり合わせようとしています。層別図解法は、このような場面にもうってつけの手法です。

　どの会社、どの職場でも、重要な話し合いの場面は少なくありません。しかし、出された意見が50も100もあったとしたら、手早くまとめるのは容易ではありません。そのため、数多く出された意見・提案をかんたんに手早く処理できて、誰でも使えるわかりやすい手法が必要と

されるのです。

　こうした会社や職場のニーズから、QCサークル千葉地区では、だれでも比較的簡単に理解できる層別の考え方を使い、言語データを企業現場のスピード感に対応させて図形化処理する手法として、層別図解法の実用化を進めてきました。層別図解法は、問題の構造を見える化し、新たな発想を導くための手法です。さまざまなビジネスシーンで集められた多数の言語データを、企業の求めるスピード感で処理し、何らかの発想や要約を得たい、という職場第一線の方々の要望から生まれたものです。1988年に、QCサークル千葉地区幹事会社の一部で、層別をキーワードにした親和図法の簡便型として使い始めたことに端を発しています。言語データを処理するうえで、品質管理を進めている職場ではだれもが日頃から馴染んでいる層別の考え方が受け入れやすかったこともあり、QCサークル千葉地区内で新たな手法としての探究が重ねられ、作図ノウハウの蓄積や他の手法と比較しての使い勝手や有用性などを検証しました。このような積み重ねを経ながら、21世紀に入ってQCサークル千葉地区主催セミナーのカリキュラムに層別図解法が加えられました。具体的には、リーダー養成研修会や問題解決力強化セミナーですが、メインテーマのグループ討議と討議結果をまとめる演習段階の言語データ処理手法として導入しました。

　グループ討議では、実際に考え、手を動かしながらの演習の中で、所属企業の異なる受講者が、前提要件を明確に定めた中で討議して出された多くの意見や提案を言語データ化し、層別図解法を使って図形化処理しました。その結果、受講者の方々には、スピード感のある言語データの図形化処理手法の効果を実感していただくことができました。セミナーを通じて、今まで気がつかなかったリーダーシップのあるべき姿や、職場の課題について納得性の高い解を自分たちで見出せたことで、層別図解法は、見える化に最適な手法だということを多くの方々に実感

していただいています。

　こうした教育普及活動の結果、QCサークル千葉地区の改善事例チャンピオン大会出場サークルの多くが、層別図解法を駆使した改善事例を発表するようになりました。さらに最近では、QCサークル千葉地区改善事例チャンピオン大会での知事賞受賞サークルの事例に層別図解法が多く活用され、QCサークル関東支部大会に千葉県を代表して出場する状況が続出しています。例えば、直近では、新日鐵住金株式会社君津製鐵所、住友建機株式会社、日鉄住金物流君津株式会社における小集団改善活動の事例が、QCサークル関東支部大会で発表されています。なかでも、新日鐵住金株式会社君津製鐵所の改善活動による層別図解法の作図手順では、言語データカードの単純な層別でのグループ分けに留まらず、言語データカードの真意を読み取りながら、言語データカードの配置を読み直す「島替え」という手順を新たに生み出すなど、手法の進化が図られました。

　こうした現況から、一般財団法人日本科学技術連盟内の「新QC七つ道具東京研究部会(N7東京研究部会)」の研究活動の中で層別図解法を新たな手法の一つとして吟味していただき、さらに、2015年11月の一般財団法人日本科学技術連盟主催のクオリティフォーラムで新手法としての紹介もさせていただきました。

　このように、層別図解法は21世紀生まれの新しい手法です。層別という品質管理の多くの場面で使われる考え方を用い、新QC七つ道具の一つである親和図法に類似した言語データの図形化手法である層別図解法は、特性要因図と同様に、品質管理の基本の考え方と言語データを処理するためのハイブリッド手法です。対象をQCサークルの方々だけに限定することなく、あらゆるビジネスシーンで、各階層職位の方々の発想・整理手法としてご活用いただくことが期待されます。

　本書は、層別図解法を習得できるように、また研修でのテキストとし

ても使えるように構成しました。生産、営業、サービス、物流、福祉、医療現場など、あらゆる分野での問題・課題認識やその改善と方策の立案のために、だれでもが手軽に使える手法として層別図解法をご活用いただき、成果に結びつけていただければ、QCサークル千葉地区として、これに勝る喜びはありません。

　本書は、QCサークル千葉地区幹事・役員全員の協力のもとで企画・執筆いたしました。また、本手法の開発段階からあたたかく見守っていただいた日科技連出版社の塩田峰久取締役と、出版にあたって種々お世話くださった同社の石田新氏に心から御礼を申し上げます。

　2016年1月

QCサークル千葉地区

地区長　山本　泰彦

QCサークル千葉地区　2015年度幹事・役員名簿(五十音順)

2016年1月28日現在

氏名	所属	地区における役割
秋葉 重雄 (あきば しげお)	千葉日産自動車株式会社	幹事長
東 康弘 (あずま やすひろ)	双葉電子工業株式会社	財務委員長／副事務局
井上 研冶 (いのうえ けんじ)	山九株式会社	組織委員長／世話人
上家 辰徳 (うわや たつのり)	南総QC同好会	幹事
浦邉 彰 (うらべ あきら)	南総QC同好会	幹事
奥田 隆 (おくだ たかし)	日鉄住金環境株式会社	副幹事長
尾辻 正則 (おつじ まさのり)	一般財団法人日本科学技術連盟（元　住友建機株式会社）	顧問
近藤 正人 (こんどう まさと)	吉川工業株式会社	副世話人／事務局
寒河江 友三 (さがえ ともみ)	新日鐵住金株式会社	幹事
猿渡 直樹 (さるわたり なおき)	NSMコイルセンター株式会社	顧問
澤 達夫 (さわ たつお)	住友建機株式会社	幹事
髙品 郁夫 (たかしな いくお)	日鉄住金テックスエンジ株式会社	幹事
富沢 義重 (とみざわ よししげ)	JFEスチール株式会社	幹事
能代 栄樹 (のしろ ひでき)	南総QC同好会	幹事
平田 靖 (ひらた やすし)	三島光産株式会社	幹事
藤岡 秀之 (ふじおか ひでゆき)	日鉄住金物流君津株式会社	幹事
藤田 敬泰 (ふじた たかやす)	株式会社荏原製作所	企画委員長
船越 勝行 (ふなこし かつゆき)	日本食研製造株式会社	幹事
牧野 邦江 (まきの くにえ)	濱田重工株式会社	幹事
宮下 優 (みやした まさる)	日本食研製造株式会社	幹事
山本 泰彦 (やまもと やすひこ)	元　千葉日産自動車株式会社	地区長

本書の活用について

このような使い方をおすすめします！

1. QCサークル活動(小集団改善活動)のリーダー、メンバーの方へ！
   ① 今の活動が停滞し、特にやらされ感に悩んでいる場合に、その解決策をみんなで話し合う場面で使えます。
   ② 自分たちの改善能力を向上し、サークルレベルを高めたい、というような話し合いの場面で使えます。もちろん、実際の改善活動の中でも使えます。

2. 管理者・スタッフの方へ！
   年々、会社から求められる管理点は難度が上がり、かつ管理項目も増えています。
   このような状況下で、仕事のクオリティを高めながら会社の事業計画を達成するために、部下や関係者などと業務遂行の方向性や具体的な方策を求めるためのディスカッションのまとめに使えます。

3. 経営者の方へ！
   トップが「火の用心」といえば、役員も部長も課長も職場第一線も「火の用心」と叫ぶだけ、といった、各階層での具体的で適切な実行策が生まれにくいような企業体質を改善したい、と願う経営者の方々にこの手法が使えます。また、そうした企業体質改善に向けた役員会などの論議を早く見える化するためにも使えます。

4. 手法アレルギーの方へ！

　QC七つ道具や新QC七つ道具は、数多くの手法をマスターしないと使えないから嫌いだという、手法に対して食わず嫌いの方々がいます。層別図解法は、層別の考え方と言語データを理解するだけで作成できるため、QC手法の入門手法としても使えます。

5. 自分の仕事に手法を活用したことのない方へ！

　知っていても、実践で活用しないのは、結果として知らないことと同じです。手法は実際に使うことでその機能を引き出し、実務に役立てることができます。層別図解法は、短時間で作図でき、実務に役立つため、今まで手法を活用したことがなかった方が、実際に自分の仕事で活用しようとする際に使えます。

6. すべての方へ！

① グループで考える場面(グループ思考)、個人で考える場面(個人思考)、いずれの場面でも使えます。

② 文章化されていない講演内容のまとめやトップの方針談話などを、関係者にわかりやすいよう要約したり、見える化したりするために使えます。

③ 層別図解法を社内に普及したいという場合に、作図手順を習得するためのテキストとして本書がそのまま使えます。

目　次

はじめに　*iii*
QCサークル千葉地区　2015年度幹事・役員名簿　*vii*
本書の活用について　*viii*

■第1章　層別図解法とは　　　　　　　　　　　　　　*1*
1.1　層別図解法の価値　*2*
1.2　層別図解法の特徴　*4*
1.3　層別図解法の使い方　*5*
1.4　実用例に見る層別図解法　*6*

■第2章　図解と図形思考法　　　　　　　　　　　　　*11*
2.1　図解とは　*12*
2.2　図形思考法とは　*14*

■第3章　層別図解法と層別　　　　　　　　　　　　　*21*
3.1　数値データの層別　*22*
3.2　特性要因図での層別　*24*
3.3　層別図解法における言語データの層別　*25*
3.4　層別図解法での層別のポイント　*26*
3.5　層別図解法での層別の応用方法　*27*

■第4章　言語データと「ことば」　　　　　　　　　　*29*
4.1　言語データは「ことば」　*30*

4.2 「ことば」を「データ」として扱うわけ　31
4.3 言語データの活用例　33
4.4 言語データの種類　35
4.5 言語データの抽象度　36

第5章　層別図解法とアイデア発想法　39

5.1 アイデア発想を阻む3つの関所　40
5.2 発想法の種類　41
5.3 マンダラート法　42
5.4 マンダラート法の手順　44
5.5 マンダラート法の応用：変形マンダラート図　46
5.6 マンダラート法の効果的な使い方　46
5.7 発想力豊かな人がやっていること　48

第6章　層別図解法の作成手順　51

6.1 作成手順1：原始情報の収集　52
6.2 作成手順2：言語データカードの作成　53
6.3 作成手順3：言語データカードの層別　62
6.4 作成手順4：言語データカードの島作り　64
6.5 作成手順5：言語データカードの島替え　66
6.6 作成手順6：島の表札作り　69
6.7 作成手順7：各島間の関係性探索　72
6.8 作成手順8：統合した島の中表札作り　79
6.9 作成手順9：大表札作り　82
6.10 作成手順10：作図のまとめ　85
6.11 作図の実践的応用例とヒント　86

第7章　層別図解法の活用例　　　　　　　　　　　　　　　91

7.1　言語データを扱う手法との組合せ：新任サークルリーダーの活用事例　　93

7.2　数値データを扱う手法との組合せ：鉄製品の輸送費削減の活用事例　　102

7.3　層別図解法の活用事例　　106

第8章　層別図解法と親和図法との相違　　　　　　　　　　131

8.1　活用場面の違いは「ない」　　132

8.2　作成手順の違いが生む作成時間の違い　　135

8.3　層別図解法と親和図法でのアウトプットの違い　　136

8.4　層別図解法はどれくらい早いのか？　　140

付録　　143
引用・参考文献　　155
索引　　157

第 *1* 章

層別図解法とは

1.1　層別図解法の価値

　筆者はときどき、図書館を利用します。図書館には、文学・産業一般・自然科学・絵本など、たくさんの図書や雑誌が収蔵され、多くの人が利用しています。最近、日本にある世界遺産について興味をもった筆者は、遺産の分布状況や特徴を調べるために図書館に行きました。入口を通り過去の経験から目的の書棚に向かいましたが、なかなか目的の書籍を探せません。そこで、改めて受付に行くと、テーブル上に館内で蔵書してある図書分類表がキチンと示されていました。イラスト表示もあり、目的の書籍の場所がわかるようになっていました(図1.1)。

　これは、「層別」をうまく活用した事例です。混沌としている状態の中から必要なものをすばやく明らかにできる「層別」の考え方を使って、多

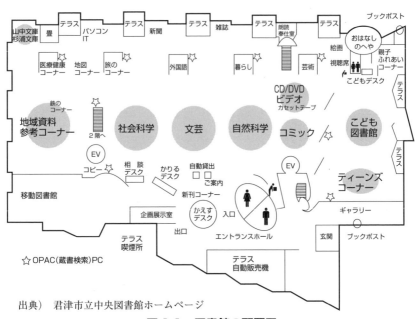

出典）君津市立中央図書館ホームページ

図 1.1　図書館の配置図

種多様に存在する言語データのまとめに活用できないだろうか？　そうした問題意識から生まれたのが、新QC七つ道具の親和図法をルーツにした「層別図解法」です。

　親和図法は、言語データを親和性（親しさ、近しさ）で整理します。一方、層別図解法は、親和図法では禁じ手とされている層別の考え方で言語データを整理します。ここが、2つの手法の大きな違いです。あえて層別の考え方で整理するという、新たな視点から生まれたのが層別図解法です。

　では、なぜ層別の考え方で言語データを整理する必要があるのでしょうか？　それには大きな理由があります。親和図法を作図した経験をおもちの方なら、すぐにご理解いただけると思いますが、親和性での言語データカードの整理（カード寄せ）には、親和性の概念が情念や感覚に由来するため、「親和図法は深夜図法」といわれることもあるくらい、数時間から時には何日も費やすなど、カード寄せの判断に多くの時間を要します。当然それは思考の深掘りと展開を促し、親和図法ならではの効果的なアウトプットが得られることが期待されます。しかし、同時に企業や職場が要求するスピード感に応えきれない、という側面も指摘されています。こうしたことから、何とか多数の言語データをもっと早く、かつ科学的に処理する方法はないか検討を重ねた結果、あえて層別の考え方を活用することにしました。ちなみに、言語データを一定のルールで加工し、カード化したものを「言語データカード」と呼びます。これは第6章で詳しく紹介します。

　層別図解法は、漠然とした言語データであっても、共通する言語をキーワードにして括り、グルーピングして図解することで、はっきりしない問題や課題がどのようになっているのかをすばやく整理し、明らかにする手法です。

　QCサークル千葉地区では、企業での迅速な問題・課題解決に適合さ

せる方法として、独自にこの新手法の開発を進め、主催する各種セミナーのグループワーキングで活用してきました。すでに十数年にわたり、さまざまな企業の現場で実践を重ね、手法としての法則性やルール化を整理してきました。その結果、層別図解法は、問題解決や課題設定、あるいはアイデア発想法として、実用性の高いものに育ってきたと考えられます。

1.2 層別図解法の特徴

層別図解法は、主に下記の4つの特徴をもっています。

① 収集した多種多量で漠然としている言語データを、企業や社会から一定の時間的制約を受ける中で、職場で求められている現実的なスピード感で図形化処理ができます。そのカギとなるのが、層別の考え方による言語データカードの整理(カード寄せ)です。

② 集められた多数の言語データを層別して図形化(空間配置)することで、図形思考が可能となります。図形を俯瞰することで、混沌とした事象の整理や、何が根本的な問題なのかなど、事実認識を深められます。

③ 品質管理の基本的な考え方の一つとされる層別と、新QC七つ道具の親和図法が融合した手法です。言語データを層別して「なぜなぜ」を展開する特性要因図も、同じ融合型手法といえます。

④ 問題の解明などの場面で使った場合、問題の構造を把握する糸口になり、その後の解決策を具体化するために、系統図法やマトリックス図法などの科学的手法への展開が容易になります。

1.3　層別図解法の使い方

　現場のニーズに応える層別図解法の使い方としては、主に以下の5点があります。

① 　現状を打破したいとき

　現状の問題や課題は何か？　その問題や課題の本質を見きわめ、現状を打破する糸口を見出したい。そうした現場ニーズを叶えるときに層別図解法は有効です。

　また、現状を打破するために、新たな視点や考え方を求めたい、あるいは、現状打破の方向性や目標、またはあるべき姿を描きたい、このような場面でも層別図解法は効果的です。

② 　事実の認識を深めたいとき

　事実の認識を深めたいとき、事実を検証するために必要なアイテムや統計データ項目などを求めるために、層別図解法は効力を発揮します。詳しくは第4章で紹介します。

③ 　問題の構造を解き明かしたいとき

　複雑に絡み合った問題や課題の構造を解き明かしたいときに、層別図解法は有効です。問題の構造を解き明かすには、地域や部門や素材や製品、あるいは関係者の階層など、それぞれがもつ関係性を考慮して把握する必要があります。そうした場合に、層別図解法は役立ちます。

④ 　方針や考え方をまとめるとき

　問題解決や課題達成を進めるにあたり、どのように考え方を固めていくか、問題解決に欠かせない方針や価値観は何か、ということを明らかにする必要があります。このような場面で、層別図解法は十分な効力を発揮します。言語データの収集にはじまり、層別して図形化の思考を重ねる作図工程を通じて、必要とされる方針や考え方が次第に

固まっていきます。

⑤　関係者の理解を得たいとき

　層別図解法は、プレゼンテーションにとても役立ちます。上司、部下、関係先、取引先などに新商品を企画開発したい場合、市場から把握した言語データをもとにして作図した層別図解法を使って、そのニーズやシーズを説明することができます。また、トップが会議で述べた方針を層別図解法で整理して、事業所全体でその方針の中味を共有するなどの場面でも効果的です。

1.4　実用例に見る層別図解法

(1)　層別を活用している食堂のメニュー

　JR木更津駅東口から太田山方面に向かって5分ほど歩くと、昭和の面影を残す昔ながらの店構えをした「お食事処　みなみ」があります。お店に入りメニューを見てみると、約130種類ものメニューがあり、どれを注文すればよいか迷ってしまいます。

　しかし、この多種多様なメニューは、初めてのお客さんでも注文しやすいようにグループ分けされています。

　上段は肉や魚などのメイン料理とお酒、中段はおつまみとサラダ、下段は麺類・丼もの、最下段はおすすめとなっています(図1.2)。数多くあるメニューの中から食べたいものをすぐに選べるメニューのレイアウトは、とてもうれしいものです。このメニューも層別を使った図解のひとつといえるでしょう。おばさんとお姉さんの笑顔によって一味加えられ、お客様に喜ばれる「お食事処　みなみ」は、これからも繁盛するでしょう。

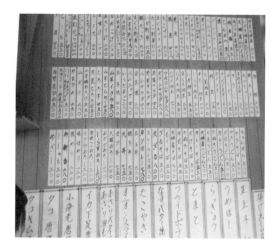

図 1.2　定食屋みなみのメニュー

(2) 民生委員・児童委員による実用例

　地域福祉の一端を担う民生委員・児童委員は、それぞれ定められた担当地域を自律的に見回り、独居老人の生活実態の把握や、「見守り」を中心に子どもたちの健全な育成のために活動しています。その地域活動では、訪問した回数などは数値データとして記録し、報告資料として保存しますが、記録を残すことはさほど重要ではなく、訪問先での対話の充実によってそれぞれに違う生活状況を把握することが重要です。対話の内容は守秘義務ですが、ことばの使い方に気を配りながら、言語データを大切に扱わなければならない仕事です。

　そんな民生委員・児童委員には、訪問先での対人関係、福祉制度の習熟、対話力の強化、地域組織との関係強化など、解決しなければならない課題が山積しています。「今行っている対応でよいのだろうか？」、「今後の個別対応はどうすればよいのだろうか？」など、独りで悩むことが多くあります。

ある地域の民生委員・児童委員の悩み　（総N数=45件）

悩　み　①各委員の活動の基本である対話力・対人折衝力が弱い
　　　　②活動するにあたり、行政や自治会とのつながりが弱く、情報の共有化など絆が細い
　　　　③月例委員会などで、社会福祉など制度を勉強するためのまとまった時間が取りづらい

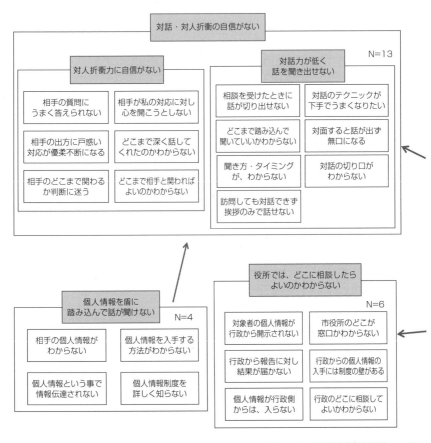

図1.3　民生委員対話ツール

1.4 実用例に見る層別図解法

作成：2015.8月
○○市○○地区民生委員児童委員協議会

解決策　＊各自が実際に行った貴重な体験事例を月例会で報告しあい、その体験を共有化していくことが個々人における実力向上の大きな糧になる

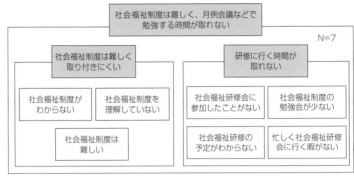

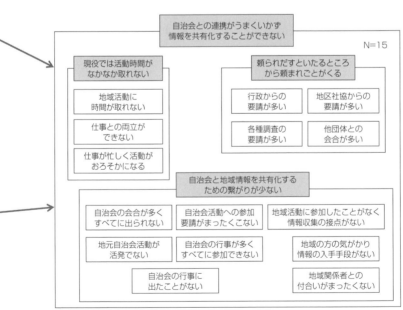

としての層別図解法活用例

このような一人ひとりが抱える活動の悩みを、地区の民生委員全員が集まる定期月例会で、実際に改善した事例を紹介する形で報告しあっています。定期月例会という時間的制約のある中で、効率的、効果的に話し合い、少しでも委員の心の重荷を軽くする方法のひとつとして、層別図解法が活用されています。
　実際の事例を前掲の図1.3に示します。
　これまで紹介したように、層別図解法は言語データがもつ特徴を捉え、同じ特徴を備えたものごとに整然と分け、並べることでわかりやすく整理できる、民生委員にとっても大切なツールとなっています。

　このように層別図解法は、お客様に提案したり、心の悩みのような数値化できないものを仲間同士で短時間に取りまとめて悩みの解決方法を導いたりするための手段として、有効な図解法であり、現代の企業が求めるスピード感に対応した新時代のQC手法のひとつといえます。

第2章

図解と図形思考法

2.1　図解とは

　本書では、数値を図で表すことを図表といいます。これに対して、図で意味を表すことを図解といいます。つまり、図表は定量的なものを表す場合に使われ、図解は定性的なものを表す場合に使われます。

　バスの停留所に、**図 2.1** が掲げられていました。

　A は、

① 　駅前の次の停留所は学校前である

② 　学校前の次の停留所は病院前である

③ 　スーパーは 3 番目の停留所で、途中に 2 カ所のバス停がある

という情報が読み取れます。

　B は、

① 　駅前から学校前まで 5 分かかる

② 　駅前から病院前まで 15 分かかる

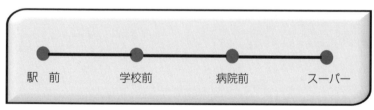

A：図解

B：図表

図 2.1　図表と図解

③ 学校前から病院前まで10分かかる

④ 駅前からスーパーまで20分かかる

という情報が読み取れます。

Aは、停留所の順番や位置関係などの意味を表した図解です。これに対して、Bは標準的な所用時間も含めて表した図表です。

図解にしても図表にしても、その内容を口頭で説明する場合や、文章にすると長々とした説明になりますが、図にすることで、瞬時に必要な情報を正確に伝達できます。

そのため、QCサークル千葉地区では、図解の効用や有用性を次のように説明しています。

① 図に示すことで、混沌とした情報を整理して早く正確に伝えられる

② 図を作ることで、思考を広めたり深めたりできる

③ 図を示すことで、全体を俯瞰し、問題の構造や方策を関係者で共通認識し理解しやすくなる

層別図解法は、層別の概念で言語データを考えて整理し、本書で解説する一定の法則性をもった手順で作成する図解法ですので、層別図解法と名づけました。

例えば、新QC七つ道具の一つである連関図法は、言語データ間の原因と結果の因果関係を矢線で示し、問題の構造を明らかにする場合や、方策展開などにも使われますが、これは図解といえます。また、目的と手段の関係を枝分かれの発想で展開する系統図法も同様です。このように、新QC七つ道具の手法は、すべて図解の機能をもっています。新QC七つ道具は、特に管理者・スタッフに向けた手法として提起されましたが、これが世に出たとき、その機能について、次のことが謳われました(納谷嘉信、倉林幹彦、加古昭一、二見良治『管理者・スタッフのための新QC七つ道具の手引き』、日科技連出版社、1986年)。

① 言語データが整理できる
② 発想を得ることができる
③ 計画（プラン）を充実することができる
④ 抜け落ちをなくすことができる
⑤ 関係者の協力を得ることができる
⑥ 関係者にわからせることができる
⑦ 泥臭く訴えることができる

　層別図解法がもつ機能は、新QC七つ道具のそれと完全に重なります。さらに、それに加えて、前述のとおり層別図解法は、QC七つ道具の層別をキーワードとしているため、手法としてのポジションはQC七つ道具と新QC七つ道具との「ハイブリッド図解法」といえます。

2.2　図形思考法とは

(1)　図形や図解で思考する

　図形思考法とは、図形や図解で思考する方法です。とはいえ、層別図解法の図形には縦長、横長など、さまざまな図形がありますが、図形そのものには特に意味はありません。例えば、多様に予測された阻害事象とそれぞれに対する複数の対策や手続きの選択肢が示されるPDPC法は、多くの予測・予見や阻害事象が読み込まれた図形から横に広い図になる場合が多く、図形から一見してよく吟味された図解ということが読みとれます。図形からある程度その内容が推測できます。一方、層別図解法では、図形の形からは何らかの意味を読み取ることはできません。したがって、厳密にいえば図解思考法といってもいいかもしれませんが、QCサークル千葉地区では、図解による思考法も含めて図形思考法としています。その前提で、図形思考法について紹介します。

　図形思考法には、図2.2のような数値データ系と図2.3のような言語

2章 図解と図形思考法

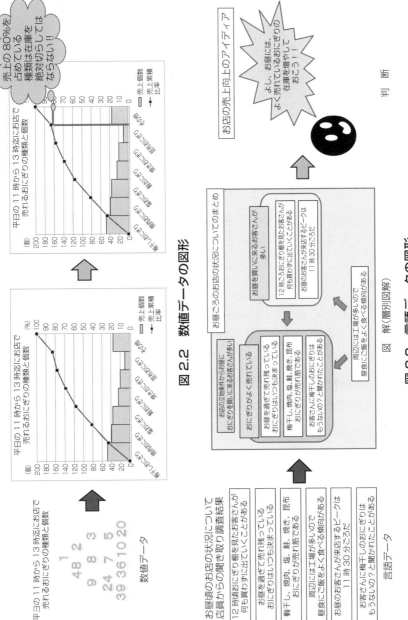

図 2.2 数値データの図形

図 2.3 言語データの図形

データ系の2系統があります。もちろん、この2系統の組合せもあります。

　図形思考法では、数値データを図表にした場合、その図表や図形から意味を読み解く必要があります。例えばパレート図では、80％を占めているものはなにかを読み解きます。一方、言語データによる図形思考法、とりわけ層別図解法の場合は、その意味のおおよそは図解そのものに言語データとして表示されているため、一見すると、数値データの図形思考より思考工数は少ないように思えます。しかし、実はそうでもありません。数値データによる図形思考同様、言語データの図解の意味を読み解く工程で、秘められている真の意味を探ったり、図解に触発されてアイデアや着眼に新たなヒントを得るための、重要な思考工程があります。ですから、どちらが楽、どちらが有効ということはありません。

　一般的に、図2.2の数値データ系の図表や図形からの解は明確で、解釈にあまり大きなばらつきは生じません。それに対して、図2.3の言語データ系の場合は、意味を読み解く人の知見や価値観が反映されるため、その解釈にばらつきが生じる傾向があります。このばらつきは、むしろ人間の微妙な感情や発想の違いなどを吸収する柔軟性や創造性と考えることもできます。ですから、図2.2、図2.3はそれぞれの特徴を理解しながら活用する必要があります。なぜなら、図2.2の場合は解が1つであるのに対し、図2.3の場合は多様な解が求められる傾向があるからです。

(2)　図形思考法の入り口は言語データ

　図形思考を上手に行う方法として、二見良治氏はその著書『TQCに役立つ図形思考法』（日科技連出版社、1985年）で、①問題を把握する、②問題に適した事実に基づく言語データを得る、③図形思考法の方法を使いこなす、④図形で考えるセンスをもつ、の4つが必要と提起してい

ます。それを二見良治氏は、目的、材料、腕、センスとも見なしています。こうした考え方も参考にしながら、QCサークル千葉地区で進めてきた図形思考法は次のような法則を大切にしてきました。

以下は、グループによるものでも、個人による作図や思考でも同じです。

① 言語データの種類と抽象度をしっかり理解する

言語データには、実証または反証できる事実データ、今から先などの時間軸の概念がある予測データ、わかっている一部分から全体を推し量る面積の概念がある推定データ、アイデアとなる発想データ、好き嫌いや自分の好みといえる意見データの5種類があります。この言語データの種類を理解することが、とりわけ重要です。また、言語データの抽象度を理解して進めることもカギとなります。なお、これらの言語データについては、第4章で詳しく解説します。

② 言語データを得る段階ではアイデアを拡散させる

記述式のアンケート、ブレーン・ストーミングやマンダラート法などの発想法を活用し、言語データをできるだけ広く拡散させて収集します。なお、マンダラート法については、第5章で詳しく紹介します。

なぜなら言語データは、仮に頭の中にあったとしても、自分が思うように自由に引き出すことができるとは限りません。出された他人の言語データに触発され、言語データの拡散が進みます。これは、言語データと言語データの化学反応ともいえるものです。

(3) だれでもできる図形思考法

層別図解法による図形思考は、特殊な能力がなければできない思考法ではありません。第6章で詳しく述べる作成手順に従って作図による思考を進めることで、だれでも図形思考が可能になります。ただし、グループで作図する場合は、層別のキーワードを確認しながら、つまり前

提条件を合わせて言語データの層別グループ分けをしてください。そうすることで、すでにこの段階から図形思考が働きます。さまざまに拡散した言語データを層別で統合する過程で、図形へのイメージや問題を俯瞰するイメージが次第に育っていきます。このように、図形思考法とは図形を触媒として、思考活動の化学反応を促したり、反応速度を早める方法ともいえるでしょう。

　以下で紹介することにも通じることですが、図形思考法とは、作図を進めるそれぞれの手順ごとに新たな気づきや思考を深めていく機能があるということです。

（4）　表札が統合思考を促進する

　層別された言語データカードの一つの島を代表する表札となる言語データカードを考えることが、作図の統合思考に結び付きます。また、仮に離れた位置にある島と島であっても、因果関係がある場合、原因系から結果系に矢線でその関係性を示すことで、そのような図形から新たな気づきやヒントが得られます。例えば、その因果関係を検証するにはどのような数値データを収集したらいいかなど、図の島間の関係性を示すことで思考の深耕が図れます。

（5）　図形思考はダイナミックな思考法

　層別図解法は、言語データの収集段階から図形作図の各段階まで、思考の拡散と統合を繰り返すため、作図に関わる人たちの頭脳をダイナミックに働かせる機能があります。図形はそのような思考の働きが反映されたものともいえます。作図段階の初めのころは引っ込みがちだったメンバーが、空間配置された言語データと図に触発されて、積極的な発言をしていく光景は、多くのセミナーで普通に目にします。演習風景でよく見かけるのが、5〜6名のグループで机を囲み、当初は座って話し

ていたものが、作図段階では全員が立ち上がって話し合うという様子です。これは単に立ったほうが図が見やすいというだけでなく、思考の活性化で座っていられない状態になったものととらえています。このように、図形思考法は、頭の中にひらめくイメージが、知らず知らずに思考を活性化させて、意見や発想を促すことから、ダイナミックな思考法だといえます。

(6) 思考プロセスが見える

ここで述べる思考プロセスとは、層別図解法の作図の過程に関することです。最初に集めた言語データカードをどのような層別にしたのか？　また、それぞれの島に配置された言語データカードを代表する意味をどのような語彙にいい換えて表札としたのか？　島替えした言語データカードはどれか？　それぞれの島の因果関係はどうなっているのか？　作図で得られた結論は何か？　など、さまざまな思考プロセスが完成した層別図解により目に見えるようにわかります。

(7) 図形思考の留意点

層別図解法による図形思考での留意点は、入口となる言語データを重視することと考えています。一般的な図形思考法は、図表や図形の作図手順に注力しがちですが、層別図解法では、層別図解で示された言語データの意味が重要です。ですから、言語データをおろそかにして効果的な図形思考は期待できません。つまり、層別図解法での図形思考は言語データに始まり、終始言語データで思考を探究する思考法といっても過言ではありません。

第3章

層別図解法と層別

統計手法としての数値データの層別は、母集団のデータを「同じ共通点や特徴をもついくつかのグループに分けること」と定義されます。実践的には、QC七つ道具の根底に位置する考え方で、データを取り扱う際の基本となるものです。層別の効能は、「わけることは、わかること」という言葉にすべてが凝縮されています。「層別なくして管理も改善もできない」といわれるくらい、品質管理では層別は重要な考え方です。

本章では、まず、数値データで使われる層別についての概略について述べます。次に、層別図解法での重要なステップとなる言語データのグループ分けの段階で使う層別の方法について説明します。つまり、数値データの層別と言語データの層別の違いを理解していただきます。

3.1 数値データの層別

数値データを扱う場合、ある集まりのデータすべてが共通にもつ特性に影響を与える要因項目ごとに、データを層別して集め直して比較検討することで、「特性に最も影響を及ぼしている要因を追究する」ことが可能になります。例で示すと、ある高校3年生のクラスの生徒全員の身長のデータ(表3.1)から、ヒストグラムを作成して平均身長を見たところ、図3.1のようにふた山型のヒストグラムになりました。このヒストグラムから、身長という特性の要因として、2つの「なにか」があることがわかります。そこで、表3.2のように身長のデータを性別で層別し、2つのヒストグラムを作成しました(図3.2)。こうすることで、その「なにか」の要因の追究が可能となり、真のデータ解析ができます。この例の場合、男性と女性では平均身長が違うということです。

このように、数値データを層別することで、見えなかったものが見えるようになります。これが、「わけることは、わかること」の意味です。

3.1 数値データの層別

表3.1 3年2組の身体測定結果表

氏名	性別	身長	体重
ちえ	女	156	48
やよい	女	153	51
なおき	男	165	65
とおる	男	170	68
きみこ	女	154	49
かおる	男	158	52
せいじ	男	169	53
こうじ	男	174	66
えつこ	女	162	52
〜	〜	〜	〜
しろう	男	168	59
ごろう	男	177	80
みさき	女	168	56
ちえこ	女	150	43

図3.1 3年2組の身長ヒストグラム

表3.2 3年2組の男女別身体測定結果表

氏名	性別	身長	体重
ちえ	女	156	48
やよい	女	153	51
きみこ	女	154	49
えつこ	女	162	52
〜	〜	〜	〜
みさき	女	168	56
ちえこ	女	150	43

氏名	性別	身長	体重
なおき	男	165	65
とおる	男	170	68
かおる	男	158	52
せいじ	男	169	53
〜	〜	〜	〜
しろう	男	168	59
ごろう	男	177	80

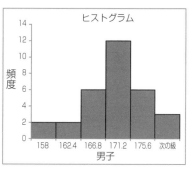

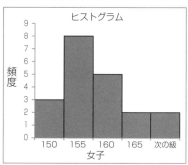

図3.2 3年2組の男女別身長ヒストグラム

> 層別とは、データを同じ特徴をもつ集団に分けること
> （データを質の違いによってグループに分けること）。
>
> 層別するときの特徴：
>
> | 1. データ採取日時 | 月、日、時間、昼、夜、曜日など |
> |---|---|
> | 2. 作業者別 | 男・女、年齢、勤続年数など |
> | 3. 機械、設備別 | 機種、型式、号機、工具など |
> | 4. 原料、部品別 | メーカー、産地、納入ロット、貯蔵場所、方法など |
> | 5. 作業方法別 | 製造速度、作業ロット、作業条件など |
> | 6. 測定方法別 | 測定機器、測定者など |
> | 7. 合不合品別 | 良品、不良品 |
> | 8. 不良原因別 | 不良品の中の不良原因 |
> | 9. その他 | 気温、湿度、季節、天候、運搬方法など |
>
> ※4M＋Measure：測定の5M、時系列、環境を始点にしたデータが得られた
>   特徴、データのもつ現象によって行うとよい
>
> 層別の手順：
>   ①データの利用目的を明らかにして、層別する項目を決める
>   ②目的に合わせてデータをとる
>   ③層別する項目に従ってデータを分ける
>
> 層別の結果、グループの間にある差の原因追求をすることがポイントになる

出典）　QCサークル千葉地区問題解決型研修資料より

図3.3　層別ポイントのまとめ

3.2　特性要因図での層別

　藤田薫ほか著『すぐに使えるQC手法』（日科技連出版社、1988年）では、言語データを扱う特性要因図の層別に関し、「特性要因図を作成するときに要因を4つの大骨に層別し、さらに中骨、小骨へと要因を展開していく」と、言語データの層別の方法が紹介されています。このように、言語データの層別についても、4M（Man：人、Machine：機械、Material：材料、Method：方法）などの、それぞれの言語データに共通

する特質に着眼して層別することで、特性と要因との関係を浮き彫りにすることができます。

　特性要因図などにより、言語データの層別はすでに定着していますが、層別図解法でも、言語データのグルーピングを行う際に、この層別の考え方を採用しています。言語データをグルーピングするときに、一つひとつの言語データの意味を読み込み、それぞれの言語データがもっている特質に着眼して層別します。

3.3　層別図解法における言語データの層別

　言語データについては、第4章で詳しく説明しますが、言語データとは、話し合いやアンケートや面談などで求めた言語による原始情報から、カード化されたものを指します。層別図解法での層別は、言語データの中に含まれる「単語」を「層別 Key」として、同じ「単語」をもつ言語データをグルーピングするものです。ここで、層別 Key として適する単語は、その単語一語で意味がわかる単語、すなわち自立語と呼ばれるものとなります。つまり、層別 Key が言語データの特質になります。

　例えば、下記のような言語データがあるとします。
「家族で旅行するためには、計画に全員が納得する必要がある」
　層別 Key として適する単語は、「家族」、「旅行」、「する」、「ため」、「計画」、「全員」、「納得」、「する」、「必要」、「ある」です。付属語だけでは層別 Key に適さないため、「で」、「には」、「に」、「が」は適しません。しかし、単語ひとつでなければならないということもありません。上記の例でいうと、「家族で旅行」ということばを層別 Key としても構いませんし、「旅行するために」ということばを層別 Key にしても構いません。言語データを層別するときのポイントを図 3.4 に示します。

> - 最初の言語データの選び方は、どれでも目についたものを自由に選んで結構です。その言語データの中で層別 Key となる単語を選んで、その単語が含まれる他の言語データを集めます。
> - もし同じ単語が含まれる言語データがなかったら、違う単語を層別 Key にします。
> - まったく同じ単語がなければ、違う言語データを選んで、同じように層別 Key となる単語を選び、その単語が含まれる他の言語データを集めます。
> - まったく同じ単語がない言語データは「その他」の島へ入れます。
> - 最初から同じような単語がありそうな言語データを選んでも結構です。

図 3.4　層別図解法での層別時のポイント

　巻末に層別の演習問題があります。よろしければ、ぜひ、チャレンジしてみてください！

　層別図解法での層別の方法を理解していただけたでしょうか。層別図解法は、非常に簡単でスピーディーにできる言語データの層別によってできる島作りがポイントとなります。みなさんの身近にある新聞や雑誌などの言語データを使って層別してみるのも有効です。層別図解法での島作りが上手になるコツは、たくさん実践してみることです。特別なセンスは必要ありません。「習うより慣れよ」が大切です。

3.4　層別図解法での層別のポイント

　ここまで述べてきたように、層別図解法での層別は、非常に簡単でスピーディーに行えるものですが、その際、重要なのは、言語データを必ず全部読み込むことです。詳しくは、第 4 章ならびに第 6 章で説明しますが、層別図解法の作図過程では、収集したことばから言語データを作

る際に、そのことばのもつ意味をよく読み込むことが重要です。読み込むということは、思考工程を踏むことになるため、この思考工程が、その後の層別図解法の作図の各段階に連動して影響します。同じように、言語データを層別する段階でも、単に層別Keyを見るだけでなく、それぞれの言語データの意味を読み込むことが必要です。この段階で再度、思考工程を踏む機会を得ることで、層別図解法の完成度が高まります。特に、グループで層別図解法を行うときには、グループ全員が各言語データを十分に読み込んだうえで、お互いの考えを議論し合い、グループでの思考工程を踏みながら作図していくことが、層別図解法での重要なポイントとなります。

3.5　層別図解法での層別の応用方法

　第4章で詳しく紹介しますが、言語データには、「種類」と「抽象度」という、2つの重要な概念があります。層別図解法での層別の基本は、層別Keyを「単語」とすることですが、応用編として、層別Keyを言語データの「種類」や「抽象度」で層別する方法もあります。例えば、機械の故障の原因について全員でディスカッションする際には、事実や意見などいろいろなことばが飛び交います。それらのことばを言語データ化して層別図解法で整理するとき、言語データの「種類」を層別Keyにして層別して島作りをすることで、事実としての現象や原因究明につながる、これまで考えもしていなかった発想が生まれてくることがあるのです。

第4章

言語データと「ことば」

4.1　言語データは「ことば」

　本章では、「言語データ」について述べます。「データ」と聞くと、「何か、むずかしい話なのかな…」と感じる方がいらっしゃるかもしれません。しかし、決してむずかしい話ではありません。気持ちをラクにして読み進めてください。

　私たちは朝、布団から起きあがると、身支度をしながら、新聞を読み、テレビのニュースに聞き入ります。玄関を開けて職場や学校へ向かう駅では、電車の運行アナウンスが流れています。職場や学校に着いたら、周囲の人と「おはようございます」と挨拶を交わします。そして、始業のベルが鳴って仕事や勉強に取りかかったら、さまざまな情報を頭で処理しながら、紙やパソコンで文章を書きます。夕方、会社や学校から帰るときには、「今日はどんな日だったかな…」と頭のなかで１日を振り返ったりします。

　どうでしょうか？　こんな風に、人は、ひとたび朝起きた瞬間から、常に「ことば（言語）」と付き合いながら生活をしているのがおわかりいただけると思います。

　「『ことば』の存在しない世界」というものを、頭の中でちょっと想像してみてください。この発達した現代社会においては、とうてい考えられないことですね！

　「ことば」は、私たちの日常生活や仕事に欠かすことのできない便利で大切な「道具」です。そして、人間の思想や文化、科学技術を進化・発展させていくための必須アイテムでもあります。

　「言語データ」とは、おおざっぱにいうと「ことば」のことです。もう少し厳密にいうと、「言語データ」とは、「日常生活や仕事で使われる『ことば』を（数値データと同じように）『データ（＝主観的あるいは客観的な事実や情報）』として取り扱えるようにしたもの」です。

そして、「ことば」を言語データにすることを、「言語データ化」といいます。

4.2 「ことば」を「データ」として扱うわけ

ここで、「日常生活や仕事で何気なく使っている『ことば』を、わざわざ『データ』なんていう小むずかしいモノにするなんて…」と眉をひそめる方がいるかもしれません。たしかに、一見すると堅苦しく、小むずかしいように思える「言語データ」ですが、なぜ、「ことば」を「言語データ」として取り扱う（作り変える）のでしょうか。

その目的は、以下のとおりです。
◎普段使っている「ことば」を、
◎短く区切ったり、またはわかりやすく噛み砕かれた表現に加工することで、
◎「本当に伝えたいこと」が、誤解なく伝わるようにする

日常生活でも仕事でも、「本当にいいたいこと」がうまく伝わらなかったために、苦労したり失敗したりした経験はありませんか？「ことば」には、そのときのいい方や状況・文脈によってまったく違った意味をもつ、という性質があります。これは日本語に限らず、世界中のどの言語でも同じです。多くの場合、「ことば」はそれ自身の中に「意味の幅（複数の意味）」をもつのです。

そのため、場合によっては「本当にいいたいこと」がなかなかうまく伝わらない、というようなことが起きるのです。ヒット曲で「言葉を尽くしても、君に想いは伝わらない…」というような歌詞を見かけますが、これはある意味当然のことでもあるのです。

「本当にいいたいこと」を「相手に伝える」、または「感じ取ってもらう」には、チョットした工夫が必要になります。これは、おいしいと評

判の寿司屋にいったときのことを想像してみるとよくわかります。寿司は、「素材の味(＝本当に伝えたいこと)」が命です。そこで、まずは「新鮮な魚(＝最新の情報)」を仕入れることからはじめます。しかし、新鮮だからといって、マグロをそのままの形でお客さんに出してはとても商売になりません。さらに、脂のタップリ乗った大トロなのか、はたまたアッサリした赤身の部分なのか、お客さんがどの部位を食べたがっているか(＝どんな情報を欲しがっているか)を、あらかじめお客さんに尋ねておく必要もあるでしょう。

このような準備を整えてから、腕のよい板前は素材の味を損なわないようにマグロを手際よくさばき、適度な分量のシャリと切り身を握って寿司に加工し、「ヘイ、お待ち！」と威勢よく差し出します。一貫が大きすぎても、また小さすぎても一般的にはよくありません。お客さんが「旨い！」と舌鼓を打つサイズで提供することが大切なのです。

「ことば」を「言語データ化」することの目的・真髄は、まさにここにあります。「本当に言いたいこと」が聞き手(受け手)に正確に伝わること、そして、絶品の寿司のごとく並べられた「言語データ」が、最終的に顧客(ユーザー・消費者)の喜び、価値へとつながっていくように活用されることが重要なのです。

4.3 言語データの活用例

古今東西を問わず、「言語データ」はあらゆる場所・局面で活用されています。現代社会では、以下の活用例があります。

◎インターネットの「検索エンジン」システムの中で、検索した「キーワード」そのものを「言語データ」として瞬時に分類することで、該当する情報をヒットさせる

◎ウェザーニュースで、「ザーザー」、「パラパラ」といった表現で「雨の強さ」を表現する

◎工場の製造現場では、作業者の「技能」を言語化(資料化)することで継承する

このように、「言語データ」を使うことで「数値だけでは表しにくい世界」を表現することができ、実際に活用されています。

また、下の例のように、「数値データ」が「言語データ」(文章)を補うことで、より深みのある情報へ変えることができます。とはいえ、言語データはすべて数値データの補完がないと価値がない、ということではなく、言語データ独自の価値もあります。例えば、知っていることを整理する、考えを深める、感じたことを表現する、判断の起点にするなど、固有の働きがあります。層別図解法は、そういった言語データ固有の働きを活用した手法です。

≪数値データによる言語データ(文章)の補完例≫

最近買ったバイクは、以前乗っていたバイクより燃費がよい。

…言語データのみ

　最近買ったバイクは、以前乗っていたバイクより 2km/ℓ ほど燃費がよい。

…数値データ「2km/ℓ」が言語データを補完

表 4.1 は、あるスポーツジムのランニングマシーンに、「自覚的運動強度」として掲げられていたものの一部です。

あなたが 20 代男性とします。このマシーンに乗って、速度と傾斜を入力して 10 分間走った段階で、1 分間の心拍数を計測するバーを握ると心拍数は 160 と表示されました。

そのときの感じ方を参考にして、さらにランニングスピードや傾斜を設定し直します。この心拍数は数値データであり、感じ方は言語データです。

このように、私たちの身近な日常生活でも、数値データと言語データは、お互いがそれぞれを補完し合う使われ方がされています。

もう一つ、表 4.1 でご理解いただきたいのは、言語データの「抽象度」という概念です。表の「感じ方」は、抽象度の高い表現です。一方、「その他の感じ方」は、「感じ方」の表現をもう少し具体的にした、すなわち、抽象度を下げた表現になっています。このように、言語データには、抽象度の上げ下げという機能があり、これは層別図解法でも重要なポイントの一つです。具体的には 4.5 節で詳しく説明します。

表 4.1　数値データに対応する言語データの例

感じ方	10代心拍数	20代心拍数	その他の感じ方
もうだめだ	195	190	体全体が苦しい
非常にきつい	180	170	息がつまる、これ以上続かない
きつい	170	165	続かない、やめたい
かなりきつい	155	150	続くか不安だ、緊張感がある
ややきつい	135	135	いつまでも続けたい、充実感がある
楽だ	125	125	軽く汗をかく程度で楽だ
かなり楽だ	110	110	楽しく気持ちいいがもの足らない
非常に楽だ	90	90	まるでもの足らない

4.4 言語データの種類

さて、寿司にも「握り」、「巻き」、「軍艦」などの種類があるように、私たちが普段使っている「ことば」(言語データ)にも種類があります。例えば、職場で上司に仕事の報告をするときには、「事実」と事実に基づいた「自分の意見」を述べます。また、たわいもない噂話から、いろいろな「憶測」や「推測」が飛び交ったりすることもあります。これらは、さまざまな種類の言語データが身の回りには常にあふれているということを示しています。

言語データには、表4.2のような5つの種類があります。

言語データの「種類」は、達成したい目的によって、適するものが異なります。例えば、ものごとの本当の原因を探りたいときは、まずは「事実データ」を集め、事実にもとづいて「原因は何か」ということを考えるようにしたいものです。さらに、原因を探る中で「原因はもしかしたら○○ではないだろうか」という「仮説」を立てる場合がありま

表4.2 言語データの種類

言語データの種類	定義	言語データの例
事実データ	事実を記述したもの	先月の売上高は3億円だ
予測データ	現在わかっている状況から将来を推し量ったもの(時間の概念)	今月の生産量は前月の倍なので、今年度は過去最高の生産量となるだろう
推定データ	現在わかっている一部から全体を推し量ったもの(面積の概念)	商品Aは関東でたくさん売れたのだから、全国でもたくさん売れただろう
意見データ	個人の主義・主張、思い、好き嫌い	車の色は白色が一番だ
発想データ	意見の中でも、新たな思いつき(アイデア)を含むもの	新QC七つ道具のよさを体感するために、日常生活でも使ってみよう

す。この「仮説」は、「事実データ」をもとにして得られた「予測・推定データ」ということになります。

また、新しい仕組みを作り上げようとするときには、「事実データ」だけでなく、新たな思いつきを示す「発想データ」も必要になります。目的に合わせて言語データを使い分けることが、その言語データの「本来の味（特徴・機能）」を引き出すことになります。

4.5　言語データの抽象度

「抽象度」と聞くと、少しむずかしい印象を受けるかもしれません。「抽象度」とは、要するにものごとの「あいまいさの度合い」のことです。抽象度の低い言語データとは、より具体的に、より詳しく表現された言語データのことです。具体的にものごとを表現しようとすると、一般的には文字数を多く必要とします。逆に抽象度が高い言語データは、広い意味をより大まかに、よりあいまいに表現した言語データのことで、一般的には、文字数は少ない傾向が見られます。表4.3を見てください。「生物」や「社員」というものが、上の階層にいくほど「抽象度が高く（あいまい）」なり、下の階層にいくほど「抽象度は低く（具体的）」なっています。

抽象度は、言語データの種類における使い分けと同様、目的によって

表4.3　言語データにおける抽象度の度合い

抽象度の度合い	例①	例②
抽象度が高い （大まか、あいまい） ↕ 抽象度が低い （具体的、詳しい）	生物	社員
	動物	ベテラン社員
	ペット	ベテラン営業系社員
	犬	入社30年目の営業系男性社員
	愛犬のポチ	B事業部に所属する山田営業部長

使い分けます。例えば、上司が部下に仕事を「指示」する際、目的を果たすために誤解があるといけませんから、一般に「抽象度の低い(より具体的な)」内容が求められます。QCサークル活動でいうと、抽象度の低いテーマ名は、やるべきことが明確に絞り込まれるため、活動の幅に制約が生まれます。また、上司が部下を「指導・育成」する場合、「抽象度の高い(よりあいまいな・より大まかな)」内容で伝える場合があります。なぜならば、抽象度が低すぎる(より詳しく・より細かい)と、人はいわれたとおりにしか実行しなくなり、自分で考える幅を狭めてしまうからです。

　このように、言語データは、果たしたい目的に沿って「種類」と「抽象度」を使い分けて活用することで、その「本来の味」(特徴や機能)を発揮するのです。言語データの作り方については第6章で詳しく説明します。

第5章

層別図解法と
アイデア発想法

本章では、いくつかのアイデア発想法を紹介します。層別図解法でなぜアイデア発想法が必要かといえば、私たちは層別図解法の最初の一歩となる言語データを収集する段階でも、頭の中にあるアイデアをうまく言葉にできない、うまく引き出せないことがあります。あるいは、層別された多数の言語データカードを要約して1枚の表札にまとめる段階でも、どうもうまく表現をまとめるようなアイデアが浮かばない、ということもあります。さらには、層別図解法によって把握できた問題を、どのように具体的に切り崩して解決していくかというアイデアがなかなか見つからないという場面もあるでしょう。このようなときに役立つアイデア発想法について、以下で解説していきます。

5.1 アイデア発想を阻む3つの関所

アイデアを発想するためには、頭を柔らかく、自由にする必要があります。創造性開発論[注]では、頭を自由にするために通らなければならない3つの関所があるといわれています。

①「認識の関」

認識の関とは、勘違いや思い込みによる考えしかできず、自分勝手な制約を作っている状態を指します。セルフトークと言われる自分の頭の中での自分自身との会話でも、想像が想像を膨らませてどれもが真実のように思い込んでしまうという、認識の関の罠にはまってしまうケースがあります。こうした認識の関から自分を解放するためには、直ちに現地に行って、直ちに現状を見て、直ちに現地の人と話を聴く、三直三現主義といわれる現場主義の習慣をもつことが大切です。

注) 創造力を磨いていく技法の研究。何か新しいアイデアを考えるときに、それを阻む3つの関があるとされています。

② 「文化の関」

　文化の関とは、型にはまった考えしかできない状態のことであり、自己中心的な意識がその根底にあるといわれています。例えば、十人十色といわれるように、自分の置かれている環境が、他人にとって当たり前ではないことを認識する必要があります。こうすることで、文化の関の罠から解放されるでしょう。

③ 「感情の関」

　感情の関とは、感情に支配されて客観的な考え方ができない状態のことです。最近ではそうでもないようですが、昔から日本人は、人前では自分の感情を抑えることが美徳であると考えられてきました。しかし、本来、感情をあらわにすることは、人間としてごく自然な姿です。大切なことは、感情的に物事を考え、判断し、行動を起こすことのないように、自分自身を理性でコントロールすることです。理性によるコントロールによって、感情の関から解放されるでしょう。

5.2　発想法の種類

　発想法には、大別して拡散思考と収束思考があります。

　拡散思考は、自由奔放に連想を広げていく発想法のことで、その代表的なものが、ブレーン・ストーミングです。層別図解法では、言語データを集める段階と、層別による島作りやその後で各島や全体の表札作りを行うときにも使える発想法です。

　収束思考は、拡散思考で生み出されたたくさんのアイデア発想や言語データを分類、結合して、活用できる具体的なアイデアへとまとめていく思考法です。層別図解法では、作図そのものが収束思考法として使われます。新QC七つ道具の系統図法なども、収束思考による発想法として使われています。

ここで注意したいのは、人間の脳は、自由奔放に連想しながら同時に考えをまとめることが、上手にできないということです。つまり、拡散思考と収束思考を明確に区切って行うことが、よい結果を早く得るためのポイントとなります。また、拡散思考と収束思考を行う場所や日を変える工夫も有効です。

表 5.1 に、拡散思考、収束思考についての代表的な発想法を示します。

5.3 マンダラート法

このように、アイデア発想の方法にはさまざまなものがありますが、層別図解法の作成に当たり特に有効となるマンダラート法について、詳しく説明します。

マンダラート法は、デザイナーの今泉浩晃氏が 1987 年に考案した発想法です。

「マンダラート法」のマンダラートは、仏教の「曼荼羅（まんだら）」からきた言葉です。漢字の曼荼羅には特に意味がなく、原語であるサンスクリット語を漢字で表したものです。原意は「丸い」という意味ですが、円(丸)には「完全」や「円満」などの意味があり、仏教における世界観を仏像や仏具、梵字などを用いて視覚的に図で表したものです（図 5.1）。起源は古代インドと言われていますが、仏教以外でも、マンダラと称して複数の要素を何らかの法則や意味に従って配置する絵図のスタイルで表す使い方をされています。マンダラート法も、マンダラをヒントに考案されたものです。

マンダラート法は、拡散思考でのアイデアをたくさん出すための手法ですが、その長所として、次のようなものがあります。

- 使い方が簡単

表5.1 代表的な発想法

思考法種別	思考法	内容	備考
拡散思考法	チェックリスト	アイデア発想のスタート段階で視点を与えることでアイデアの方向が決まり、発想をしやすくする方法	オズボーンのチェックリストとも呼ばれる
	ブレーン・ストーミング	「批判禁止」、「質より量」、「自由奔放」、「結合・便乗」の4つのルールを守り、連想を期待してグループで行う方法	
	焦点法	テーマに対して、身の周りの情報をランダムに選び、その情報の要素や特徴を強制的にテーマに結び付けてアイデアを発想する方法	従来になかった方策を生み出すときに有効である
	NM法	一見すると無関係なものとの間の類似性を活用して発想する方法	概念的に離れたもの同士を結びつけることで独創的なアイデアが生まれる
	マンダラート法	テーマに対する8つのアイデアを強制的に発想させる方法	
	ゴードン法	真のテーマは隠しておいて、真のテーマを抽象化した仮のテーマでブレーン・ストーミングを行い、アイデアを出してから真のテーマを提示してさらにブレーン・ストーミングを行う方法	
収束思考法	KJ法	関連性のある言語データをまとめて集め、それぞれのグループの内容を表す見出しを書いた表札を得る方法	
	親和図法	混沌とした状態から問題点を発見して、解決策を導き出す方法	
	アロー・ダイアグラム法	問題解決の最適手段や対策実施時にガントチャートでは把握できない、作業の相互関係や作業の遅れによる他作業への影響などを得ながら最適な日程管理を求める方法	ポラリスミサイルの製造工期短縮に使用された手法として知られている

図 5.1　金剛曼荼羅図（千光寺所有）
出典）砺波市教育委員会デジタルミュージアム　砺波正倉
http://1073shoso.jp/www/index.jsp

- アイデアが量産できる
- 強制的に 8 つのアイデアを出させるという強制性がアイデア発想の思考を助けるため、自然と発想を阻む 3 つの関所から解放される

逆に、短所として次のようなものが挙げられます。

- 8 つの枠を超えたアイデアを書くところがない
- ひとつのアイデアが出たときに続けて連想したアイデアを書くところがない

そのため QC サークル千葉地区では、このような短所を補うために、独自の方法でマンダラート図に工夫を施しています。

5.4　マンダラート法の手順

マンダラート法の実施手順について、**図 5.2** を例にして説明します。
手順 1：9 つの正方形のセル（3 × 3 のマス）を書きます。
手順 2：中央のセルにテーマを書きます（例：「売上向上」）。

顧客訪問数増	電話アポイント数増	お得なキャンペーン開催
最大値引き実施	テーマ 売上向上	顧客周辺の巻き込み
新聞広告実施	インターネット広告実施	ダイレクトメール発送数増

図 5.2　マンダラート図

手順3：テーマの周りの8つのセルに、テーマを達成するためのアイデアを強制的に書き出します。

手順4：8つのアイデアを、それぞれ別に用意したマンダラートの書式の中心にテーマとして転記して、同じようにそのテーマに関する新たな8つのアイデアを埋めていくことを繰り返します。これをマンダラート展開と呼んでいます（図5.3）。

マンダラート法のポイントは、強制的に8つのセルを埋めることにあ

顧客訪問数増	電話アポイント数増	お得なキャンペーン開催		家族割引実施	友人特割実施	顧客ファミリーBBQ大会の実施
最大値引き実施	テーマ 売上向上	顧客周辺の巻き込み		紹介者への得点制度実施	テーマ 顧客周辺者の巻き込み	ご近所さんフェア開催
新聞広告実施	インターネット広告実施	ダイレクトメール発送数増		キャンペーン祭り企画ご招待	遠い割制度の実施	他社製品下取り制度拡充

図 5.3　マンダラート展開

ります。巻末に演習問題のシートを用意してありますので、よろしければチャレンジしてみてください。発想を阻む3つの関所を突破して、アイデアを豊富に出す体験ができます。

5.5　マンダラート法の応用：変形マンダラート図

マンダラート法の8つのセルでは、数が足りないと感じることがあります。そのため、QCサークル千葉地区では、2つの変形マンダラート図を提案しています。

　①　「連想対応型」マンダラート図

最初から多くのセルを用意して使用する方法です（図5.4）。中心となるテーマを9つのセルの中心に書き、そこから周辺へと連想して、アイデアが出たら周辺セルを埋めていきます。さらに枠が不足した場合は、どこでも空きスペースにメモしていくようにします。

　②　「行動連結型」マンダラート図

マンダラート図の8つのセルに、5W3Hを当てはめる方法です（図5.5）。アイデアを具体化させるときに有効なため、具体的な対策案の検討に使用できます。

5.6　マンダラート法の効果的な使い方

あるテーマについて、グループでブレーン・ストーミングによりアイデアを出す場合、なかなか発言が出てこないケースが少なくありません。そのため、ブレーン・ストーミングを行う際には、事前にリーダーがテーマに関する情報をメンバーに周知し、テーマについて考えてもらうなどの工夫が必要です。また、事前にマンダラート法を使って各個人の発想をうながしておくと、ブレーン・ストーミングでの発言が自然に

5.6 マンダラート法の効果的な使い方

事前にアポイントメントを取る	営業車のレンタルを増車してもらう	訪問が決まったら、近くにある顧客へもアポを取る	電話対応の研修に行かせる	新規顧客リストを作る	想定外の顧客にも電話してみる	他業種とコラボレーションしたキャンペーン	DMでキャンペーンを通知する	ほかのサービスを組み合わせてお得感を作る
近くに寄ったので飛び込み営業す	**顧客訪問数増**	効率的な巡回ルートを考える	電話で伝える内容を事前にまとめておく	**電話アポイント数増**	IP電話に変えて電話代を安くする	通常と比較してお得感を出す	**お得なキャンペーン開催**	キャンペーンポスターを作る
留守にしても行動予定が分かるようにする	顧客に顧客を紹介してもらう	新商品や新情報を必ず持っていく	相手に失礼な電話の仕方はしない	一日の電話数を目標化する	電話は、アルバイト・パートさんにしてもらう	他社と比較してお徳感を出す	先着何名かを明記して限定感を出す	ホームページで通知する
段階的に値引いていく	初めから一律最大値引きとする	最大値引きにいたる条件をつける	顧客訪問数増	電話アポイント数増	お得なキャンペーン開催	顧客の家族情報を得る	既存の顧客から情報を得る	既存の顧客に紹介制度を設ける
同業他社の価格情報を入手する	**最大値引き実施**	顧客の平均購入単価を知る	最大値引き実施	**テーマ 売上向上**	顧客周辺者の巻き込み	顧客からの紹介で安くする	**顧客周辺者の巻き込み**	既存の顧客アンケートで誘導する
決してコストは割らない	市場を崩壊させるようなことはしない	事前に予約を取り大ロットで生産でコストを下げる	新聞広告実施	インターネット広告実施	ダイレクトメール発送数増	紹介してくれた顧客に謝礼を出す	まずは顧客を明確にリスト化する	友達、家族紹介キャンペーンをはる
広告は目立つようにカラー刷りする	広告は心理的要素も加味して作る	小さくても毎日出す	無料占いなどのサービスをつけておく	広告には心理的要素を盛り込む	専門業者に作成を依頼する	DM発送地域を拡大する	顧客リスト数を増やす	既存の想定顧客から想定幅を広げる
新聞のチラシとして入れる	**新聞広告実施**	一度だけでっかく出す	顧客にはメールで配信する	**インターネット広告実施**	検索に引っかかりやすい言葉を選ぶ	一回に複数のDMを送り郵送代を下げる	**ダイレクトメール発送数増**	Eメールを使ってDMを送る
社会活動を行い取材に来てもらう	一般紙に出す場合は休日に出す	業界紙に出す	データは軽いものにする	得意な社員に作らせる	顧客となりそうな人が見るサイトに載せる	近くへは手配りしてコストを下げる	パート、アルバイトを雇う	DMの文書は限定感を出したものにする

図 5.4　「連想対応型」マンダラート図

When いつ	Who だれ（が、に）	Why なぜ
Where どこで	テーマ	What なにを
How どうやって	Know How コツ・勘所	How Much いくら

図 5.5　「行動連結型」マンダラート図

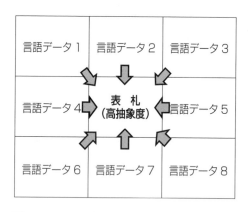

図 5.6 マンダラート法を使った表札作り

増えることが、QC サークル千葉地区や幹事企業の研修で多々ありました。層別図解法に限らず、言語データの収集はなかなか難しいものですが、マンダラート法を有効に使うことで、短時間でたくさんの言語データが収集できます。また、層別図解法で各島の表札を考えるときには、各島にある言語データをマンダラート図の周辺セルへ配置して、周辺に配置した言語データがもつ共通な特性を考える、つまり、抽象度を上げた言語データ(表札)をマンダラート図の中心に書くという方法もあります(図 5.6)。こうすることで、表札作りでのイメージが湧きやすくなり、表札を作りやすくなるという利点があります。

5.7 発想力豊かな人がやっていること

① 日頃から目的、目標、夢を明確にする。
② リラックス(安心、安全、承認、生理的満足感があれば無心になれる)する。
- 「三上」(中国の欧陽修)：文章を作るときに優れた考えがよく浮かぶ3つの場所。

- 馬上、枕上、厠上（外山滋比古『思考の整理学』、筑摩書房、1986年）

　瞑想、散歩、単純作業時にも発想はうながされます。また、ランニング、ウォーキングなど、単純繰返し運動の時間は、考え方をまとめ、新しい着眼を得るには非常に有効といわれています。
③　思いついたことはすぐにメモをとるなど記録する。
　アイデアは再現しない場合もあるので、メモや筆記用具を常備します。
④　オズボーンのチェックリストを活用する。

第6章

層別図解法の
作成手順

6.1 作成手順1：原始情報の収集

本章では、層別図解法の具体的な作り方の手順を説明します（表6.1）。

層別図解法の作成手順は、言語データを収集することから始めます。なぜなら、言語データが層別図解の「材料（素材）」となるからです。しかし、言語データがそこかしこに無造作に転がっているわけではありません。第4章で述べたように、言語データは、「日常生活や仕事で使われる『ことば』を、『データ』として取り扱えるようにしたもの」です。ですから、「ことば」を言語データに加工する必要があります。

言語データの元になるものを「原始情報」と呼びます。「原始情報」

表6.1　層別図解法の作成手順

作成手順	各手順における内容
作成手順1：原始情報の収集	さまざまな情報を収集する
作成手順2：言語データカードの作成	情報を言語データに加工することで使いやすくする
作成手順3：言語データカードの層別	言語データをキーワードで分類する
作成手順4：言語データカードの島作り	分類した言語データをグループ（島）に分ける
作成手順5：言語データカードの島替え	グループ分けの結果をもう一度点検する
作成手順6：島の表札作り	そのグループ（島）がいいたいことを表現する
作成手順7：各島間の関係性探索	各グループ（島）がどのように関係し合っているかを探る
作成手順8：島を統合した中表札作り	まとめられたグループがいいたいことを表現する
作成手順9：作図の大表札作り	問題の全体像をつかめるよう、要約された言葉で表現する
作成手順10：作図のまとめ	必要事項を記入して図を完成させる

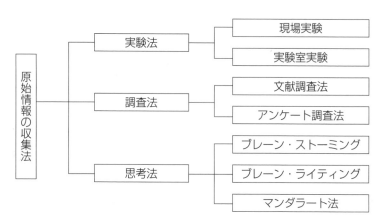

図 6.1　原始情報の主な収集方法

とは、活用できる情報として加工されてない、まだ洗練されていない情報を指します。

　原始情報を集めるためには、実験による方法、現場で、現物を、現実に観察して情報を集める方法、文献や資料を調べる方法、人の意見を集める「アンケート調査」、グループメンバーで話し合う「ブレーン・ストーミング」、「マンダラート法」など、さまざまな方法があります（図6.1）。

　集めた「原始情報」は、それが「事実」なのか、はたまたその人の「推測」や「発想」なのか、この段階では区別（仕分け）しなくてもかまいません。なぜなら、できるだけたくさんの「原始情報」を集めることが、層別図解法の質を高めるために大切だからです。

6.2　作成手順2：言語データカードの作成

　原始情報を集めたら、次に「言語データカード」を作ります。
　「言語データカード」とは、原始情報が加工されて「言語データ」と

して生まれ変わり、その内容(情報)が書き込まれたカードのことです。通常、付せんなどに書き込みます。層別図解法では、言語データ化した情報を「言語データカード」として使います。

言語データ化した内容(情報)を「言語データカード」に加工していく具体的な手順について説明します。

あるカフェでくつろいでいたときです。隣のテーブルで、2人の男性が何やら話しています。どうやら2人はラーメン店の店主とその友人のようです。店主は、友人に対して自分の店のことについて話しています。

ウチの店じゃあ、何といっても昔から塩ラーメンが1番人気で、チャーシューメンは2番手なんだけどね、最近は味噌ラーメンがチャーシューメンを追い越しそうな勢いだよ。わかめラーメンなんかは、ときたま注文があるね。

でも、ラーメンだけじゃなくて、野菜炒めとか丼ものを注文する人もいるし、ライスだけ持ち帰りで注文する人もいる。近くに工場がたくさんあるもんだから、平日は仕事を終えた若者やおじさん連中が生ビールを注文することも結構多いんだよなあ。それで、生ビールを注文する人ってのは、よく餃子とチャーハンを一緒に注文するんだよ！　だから、「チャーハン＋餃子セット」っていうお得メニューがあるんだ。

休日はやっぱり家族連れが多いよね。家族連のためのテーブル席は少ないんだけど、子供向けにオレンジジュースをメニューに入れたり、11時から13時までは家族サービス用に「日替わりランチタイム」にしたり。そんなわけで、お陰様で店は大繁盛なんだ。

でも、ウチは家族経営だから、人手の足りない時間帯があってね…。だけど、メニューの質は絶対下げたくないんだ！　俺は昔、有

> 名ホテルのレストランで働いていたこともあるから、トコトンやらないと気がすまなくてさ。チャーシューは市販じゃなくて手作りのものを使っているし、麺はというと、時間はかかるけど自家製麺を使っている。ゆで卵はいろんなメニューに使っているから、すぐなくなっちゃうんだ。

　店主が、友人に熱弁をふるっています。しかし、この店主の話は、非常に多くの情報であふれていて、整理されていないため、聞き手にはわかりにくいところがあります。特に、話し言葉は、整理された形で、あるいは相手に理解されやすい形でいつも伝えられるわけではありません。相手にわかりやすく、伝えたいことがキチンと伝わるようにするのが、言語データ化です。

6.2.1　言語データカードの作成手順①　原始情報の「単位化」

　長すぎて整理されていない原始情報を「言語データカード」とするために、まず「単位化」という作業を行います。

　「単位化」とは、1つの文章の中に、1つの内容だけをもつように区切ることです。1つの文章に2つ以上の内容(いいたいことやテーマ)が入っていては、いいたいことがわかりにくいからです。

　例えば、

> 「店で人気のあるメニューは、1番が塩ラーメンで、2番がチャーシューメンだ」

という文章には、「塩ラーメンが1番人気」、「チャーシューメンが2番人気」という2つの内容が入っています。

　これを単位化すると、

- 店の1番人気は塩ラーメンだ
- 店の2番人気はチャーシューメンだ

という、2つの文に分けることができ、理解しやすくなります。まさに、「わけることは、わかること」です。言語データ化する際も、「わけること」(単位化)は非常に重要です。

また、単位化の際に忘れてはいけないことは、文章が「主語＋述語」の形になっているかをチェックすることです。

上の例でいえば、

<u>店の1番人気は</u>　<u>塩ラーメンだ</u>
　　　主語　　　　　　述語

となります。「主語＋述語」の形になっていない言語データは、何について、何をいっているのかがわかりにくく、また使いにくいものになるため、十分注意してください。

☞「単位化」のポイント
✓ 1つの文が、1つの内容だけをもつように文を区切る
✓ 文が「主語＋述語」の形になっているかを必ずチェックする

6.2.2　言語データカードの作成手順②　原始情報の「圧縮化」

次に、単位化した原始情報を「圧縮化」します。

「圧縮化」とは、できるだけ必要のない字句を削り、意味がわかる最低限の文章になるように文章を短くすることです。ただし、圧縮し過ぎて本来伝えたい内容を損なわないよう注意が必要です。第三者が誤解しない範囲で、可能な限り不必要な字句を削るようにしてください。

例えば、

> 平日は、仕事を終えた若者やおじさんたちが生ビールを注文することも多い

という文を「圧縮化」すると、

> 平日は、仕事帰りの若者や中年層から生ビールの注文が多い

というように、字数を省略することによって、いいたい内容をそのまま「圧縮化」できます。文章は、例え1文字でも、可能な範囲でムダな字句を削って短くすることで、相手により伝わりやすくなります。

> ☞「圧縮化」のポイント
> ✓ いいたいことの内容が損なわれない範囲で、文章をできるだけ短くする

6.2.3 言語データカード作成の手順③ 原始情報の"磨きがけ"

　原始情報を圧縮化できたら、最後に「磨きがけ」を行います。「磨きがけ」とは、内容により具体性をもたせ、相手に伝わりやすくなるように、自分のことばでいい換える作業です。
　例えば、ラーメン店の店主の、

- 店主として、メニューの質は下げたくない

という発言は、どういうことをいいたいのでしょうか。「あまり手間をかけずに調理して料理の味(品質)を落としたくない」といいたいのでしょうか。あるいは、味そのものの問題ではなく、「メニューの格を下げずに、金額に見合ったメニュー群を維持していきたい」といいたいの

でしょうか。この文からだけでは、どちらか判断することはできません。「磨きがけ」には、その原始情報が「伝えたい中身」は何かを、まずきちんと確認することが必要となります。例文の伝えたいことは「手間をかけずに調理することで、味を落としたくはない」ということが、その後の「俺は昔、有名ホテルのレストランで働いていたこともあるから、トコトンやらないと気がすまなくてさ……」という文章から読み取ることができます。

この文に「磨きがけ」をすると、

- 店主として、料理の味を落としたくない

という、より具体性をもった表現となります。

| 店主として、メニューの質を下げたくない | より具体的にする | 店主として、料理の味を落としたくない |

磨きがけにより、言語データカードの内容をいい換えることができました。

また他にも、

| 店主として、トコトンやらないと気がすまない | より具体的にする | 店主として、素材と調理方法にはこだわりたい |

このようないい換えができます。

「磨きがけ」は、原始情報の「いいたいこと」をキチンと伝えるための作業であることが、おわかりいただけたと思います。すでにお気づきの方もいると思いますが、「磨きがけ」は、4.5節で解説した「抽象度」を操作(上げ下げ)することでもあるのです。上記の例では、抽象度を下げる、つまり「より具体的に、より詳しく」表現することで、伝えたい中身を明確にしたのです。

後述する作成手順6「島の表札作り」では、複数の言語データをまと

めて「島（グループ）」を作る際に、その島が「いいたいこと」を「表札」としてまとめます。この「表札」とは、「『島』の中にある各言語データカードがいいたいことをまとめると、どういうことか？」を表すものです。この島に配置された多くの言語データカードの意味を「表札」に反映するには、広い意味や概念に置き換えることが必要です。したがって、「抽象度」は必然的に高まります。

例えば、下記の2枚の言語データカードについて考えます。

| 平日の店は若者やおじさんたちでにぎわっている | 休日の店は家族連れでにぎわっている |

この島には、このような「表札」を付けることができます。

〔表札〕
店は幅広い客層により、1週間を通じてにぎわっている

| 平日の店は若者やおじさんたちでにぎわっている | 休日の店は家族連れでにぎわっている |

「表札」には、2つの言語データに書かれていた「おじさんたち」や「家族連れ」といった文言を「幅広い客層」といい換えたため、「どういう人たちでにぎわっているか」という詳細な情報は隠れました。その代わりに、この表札から、「（具体的な客層はわからないけれど）とにかく店は1週間の間、ずっとにぎわっている」ことが伝わってきます。つまり、抽象度を「上げる」、すなわち「より大まかにいい換える」ことで、「この2つの言語データカードが共通していいたいこと」が「表札」としてまとめられるのです。

表札の詳しい作り方については、作成手順6「島の表札作り」で詳し

く説明します。

> ☞ 「磨きがけ」のポイント
> ✓ 抽象度を操作(上げ下げ)して、伝えたい中身を自分の言葉でいい換える

「原始情報」は、

単位化→圧縮化→抽象度操作による磨きがけ

の手順を踏んで、ようやく「言語データ」になります。そして、「言語データ」を付せんなどに書き込めば、「言語データカード」の完成です。「言語データカード」は、模造紙に自由に貼ったりはがしたりして使うため、一般的には付せんが便利です。

また、層別図解法にパソコンを用いる場合、Excel を使うと大量の言語データであっても早く処理できます。例えば、図 6.2 のように Excel の一つひとつのセルに言語データを入力し、オートフィルター機能を使って「キーワード」で並べ替えることで、言語データの層別(6.3 節「言語データカードの層別」参照)と言語データの層別後の島分け(6.4 節「言語データカードの島作り」参照)の作業が大変楽になります。層別図解法は、パソコンを駆使することでビッグデータ(巨大データ群)の処理にも適した手法といえるでしょう。

6.2.4 言語データカードを作成する際の注意点

ここで、一つ注意したいことがあります。集められた原始情報は、作成手順1の段階では、「言語データ」の種類が区別(仕分け)されていない状態です。4.4 節「言語データの種類」でも説明したように、事実認識をまとめる場合には事実データのみを抜き出して層別図解法を作成する必要があります。そのためには、仕分けされていない状態の原始情報

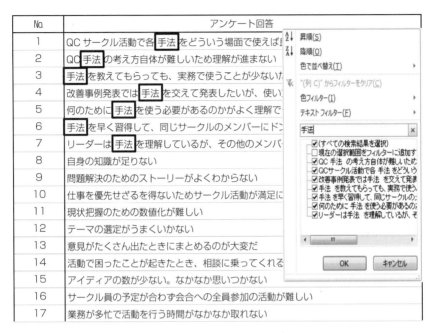

図 6.2 「QCサークル活動」を進めるにあたって困っていること(アンケートの回答)を「手法」というキーワードで並べ替えた例

(予測、推定、発想、意見など)が「事実データ」となるかどうかを実証・検証する必要があります。実証・検証の結果、その原始情報が事実データではない場合には、その原始情報は除いて作図を進めることが、正しい解を効率よく求めていくための重要なポイントとなります。

また、新しい発想を得たい場合には、種類にはこだわらずすべての言語データを使って作図を進めることもひとつのポイントです。

いずれにしろ、作図目的を明確にしたうえで「言語データをふるい分ける」作業を、「磨きがけ」の際に行う必要があります。

6.3　作成手順3：言語データカードの層別

次に、言語データカードを層別します。例として、先ほどのラーメン店の店主が話した内容を言語データカードにまとめました（図6.3）。これを元に作成手順を説明していきます。

6.3.1　層別Keyの決定

手順1：言語データカードを置く

付せんや電子データなどで作成した言語データカードを、ホワイトボードや模造紙、パソコンの画面上などに、全体を見渡せるように置きます。

手順2：層別Keyの決定

言語データカード全体を眺め、カードのなかに多く含まれている単語をまず1つ選びます。これを「層別Key」と呼びます。この例のよう

味噌ラーメンもよく注文がある	夕方は生ビールがよく出る	ゆで卵がすぐになくなってしまう
家族連れ用の席が少ない	近くに工場群がある	野菜炒めとライスを注文する人もいる
休日は家族連れのお客が多い	冷やし中華は夏限定のメニューである	生ビールはないかとよく聞かれる
1番人気は塩ラーメンである	ラーメンの麺は自家製麺を使っている	わかめラーメンはときどき注文がある
店主はラーメンのスープにこだわりをもっている	ライスのみ持ち帰りで買いに来るお客さんがいる	お客さんに丼物はないかとよく聞かれる
チャーハンは餃子とセットだと安い値段設定にしている	ビールを飲む人は餃子を一緒によく注文する	チャーシューメンは2番目によく売れている
子供はオレンジジュースを飲むのが好きでよく注文される	家族だけで経営しているため手が足りない時間がある	11時から13時までは日替わりランチメニューがある
チャーシューは手作りのものを使っている	店主は昔ホテルのフランス料理レストランで働いていた	

図6.3　ラーメン店の店主が話している内容の言語データカード（N＝23）

に、カードの枚数が比較的少ない場合は、この方法でかまいませんが、枚数が多い場合は、全体を眺めるには時間がかかってしまいます。その場合は、言語データカードの中から任意に1枚を選び、それを層別Keyとして決定すると、手早く進めることができます。その1枚を層別の切り口とするのです。

手順3：言語データカードを層別する（集める）

層別Keyとした単語が含まれている言語データカードをすべて集めます（図6.4）。そして、残りの言語データカードも作成手順2・3の要領で層別していきます。ここでのポイントは、単に単語を見て層別するのではなく、言語データそのものを読み込み、その言語データの意味を理解しておくことです。このことが、層別図解法のできばえに影響します。

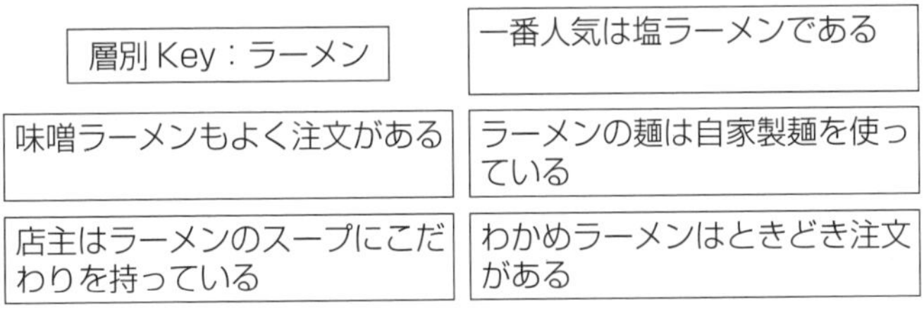

層別Key：ラーメン	一番人気は塩ラーメンである
味噌ラーメンもよく注文がある	ラーメンの麺は自家製麺を使っている
店主はラーメンのスープにこだわりを持っている	わかめラーメンはときどき注文がある

図6.4　言語データカードの層別

6.3.2　言語データカードに層別Keyが複数ある場合

① 1枚の言語データカードに層別Keyが2つ（以上）ある場合

例えば、ビールと餃子が混ざっているようなときは、その言語データカードが何のことについて書かれているのか、その意味さえ理解しておけば、この段階では、ビールでも餃子でもどちらに分けてもかまいません（図6.5）。

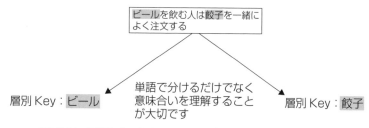

図 6.5　言語データカードに層別 Key が 2 つある場合

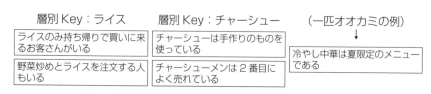

図 6.6　層別 Key が一匹オオカミの場合

② 層別 Key を決定した後で、他の言語データカードに同じ単語がないような場合

一旦、模造紙や PC 画面などの隅へ置いてください。これを層別図解法では「一匹オオカミ」と呼んでいます（図 6.6）。

6.4　作成手順 4：言語データカードの島作り

層別 Key により言語データカードをまとめたら、集めた言語データカードをグルーピングします。これを「島作り」といいます（図 6.7）。島作りのポイントは以下のとおりです。

① グループで作図するときは、理解を共有するために、言語データカードを声に出して読み上げます。

② 一匹オオカミとして隅に置いていたカードは、すべて「その他」の島に集めます。

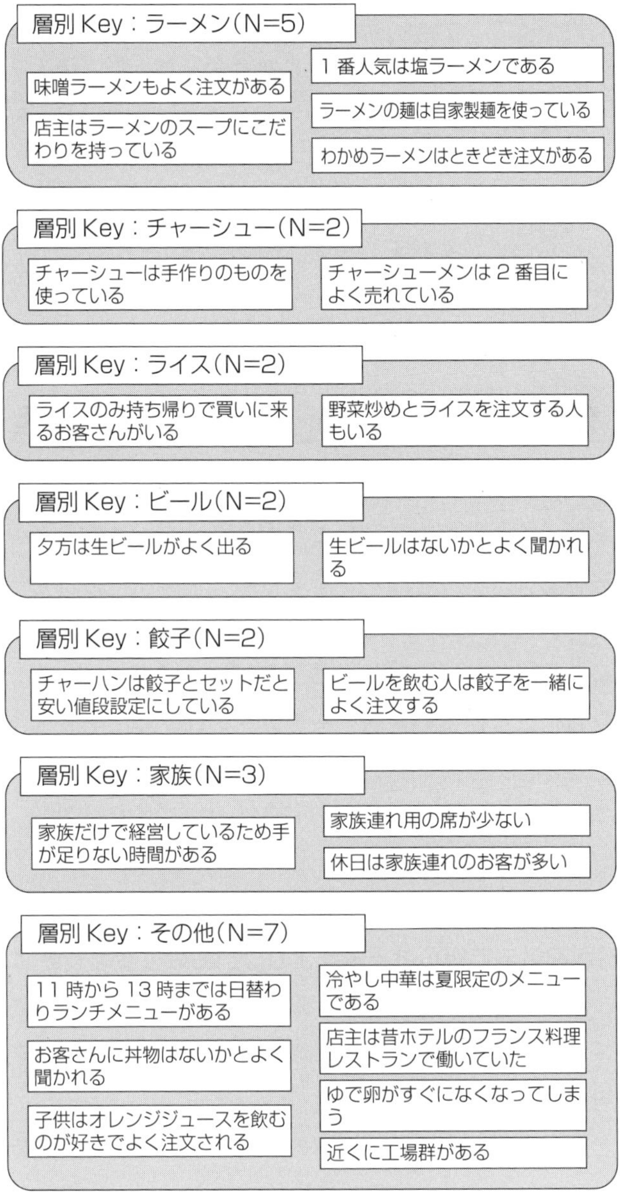

6.4 作成手順4：言語データカードの島作り

層別 Key：ラーメン（N=5）
- 味噌ラーメンもよく注文がある
- 店主はラーメンのスープにこだわりを持っている
- 1番人気は塩ラーメンである
- ラーメンの麺は自家製麺を使っている
- わかめラーメンはときどき注文がある

層別 Key：チャーシュー（N=2）
- チャーシューは手作りのものを使っている
- チャーシューメンは2番目によく売れている

層別 Key：ライス（N=2）
- ライスのみ持ち帰りで買いに来るお客さんがいる
- 野菜炒めとライスを注文する人もいる

層別 Key：ビール（N=2）
- 夕方は生ビールがよく出る
- 生ビールはないかとよく聞かれる

層別 Key：餃子（N=2）
- チャーハンは餃子とセットだと安い値段設定にしている
- ビールを飲む人は餃子を一緒によく注文する

層別 Key：家族（N=3）
- 家族だけで経営しているため手が足りない時間がある
- 家族連れ用の席が少ない
- 休日は家族連れのお客が多い

層別 Key：その他（N=7）
- 11時から13時までは日替わりランチメニューがある
- お客さんに丼物はないかとよく聞かれる
- 子供はオレンジジュースを飲むのが好きでよく注文される
- 冷やし中華は夏限定のメニューである
- 店主は昔ホテルのフランス料理レストランで働いていた
- ゆで卵がすぐになくなってしまう
- 近くに工場群がある

図 6.7 島作りの例

③　島に配置する言語データカードの順番は、任意でかまいません。
④　言葉や意味が同じ言語データカードができても、捨てずに残してください。一字一句同じ言語データカードは、重ねて配置し、その横にN＝2などと枚数を表記してください。
⑤　島作りが終わったら、言語データカードの全体の数(N)がわかるように、島内に数を記入します。

これで島作りは完了です。

6.5　作成手順5：言語データカードの島替え

層別Keyでの島作りの後にもうひと工夫を入れることで、より深まった解を得ることができます。これが、言語データカードの島替えです。この島替えは、そう時間がかかるものではなく、言語データの収集の段階から層別Keyによる層別の段階までに、1枚1枚言語データカードをよく読み込んでおけば、簡単にできるものです。

島替えをしたほうがよい言語データカードは、島に配置された中できらりと光を放ち、見る者に訴えかけてきます。その島に配置しておくことに違和感があると感じたら、迷わず島替えをしてください。この手順は、実務で層別図解法を使う中で、自然と生み出されてきたものです。

6.5.1　層別図解法で得られる解をより深いものに変える島替え

詳細は、第8章で解説しますが、島替え手順を踏むことにより層別図解法で得られる解は、単なる層別による分類に近い解から、親和図法で得られる解に近づきます（図6.8）。

このことを踏まえて、ラーメン店の店主の事例から島替えをしていきます。

島替えには特にルールや手順はありません。島に配置された言語デー

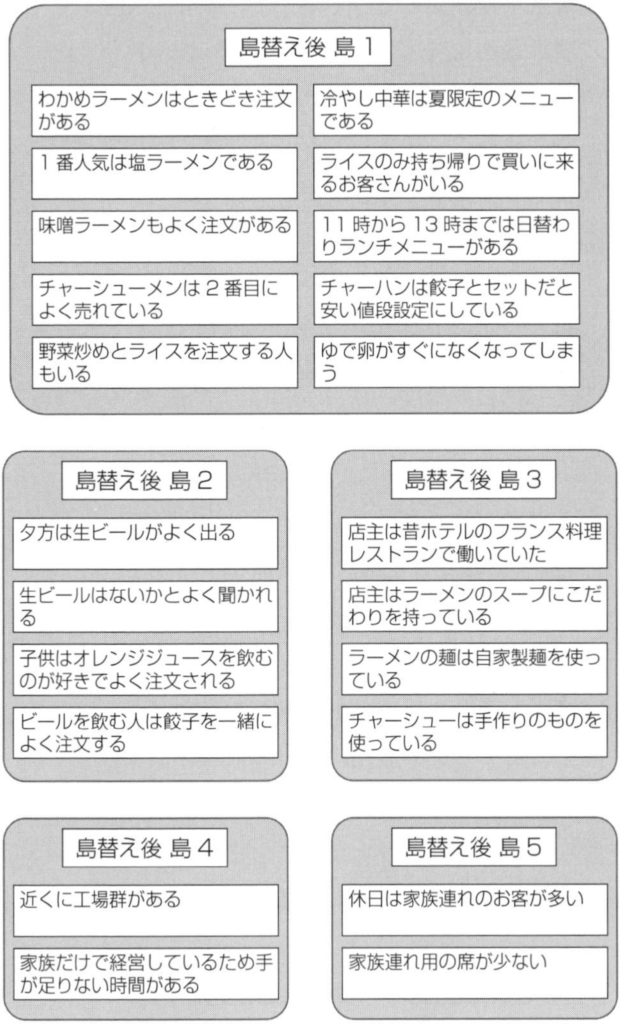

6.5 作成手順5：言語データカードの島替え

島替え後 島1

- わかめラーメンはときどき注文がある
- 冷やし中華は夏限定のメニューである
- 1番人気は塩ラーメンである
- ライスのみ持ち帰りで買いに来るお客さんがいる
- 味噌ラーメンもよく注文がある
- 11時から13時までは日替わりランチメニューがある
- チャーシューメンは2番目によく売れている
- チャーハンは餃子とセットだと安い値段設定にしている
- 野菜炒めとライスを注文する人もいる
- ゆで卵がすぐになくなってしまう

島替え後 島2

- 夕方は生ビールがよく出る
- 生ビールはないかとよく聞かれる
- 子供はオレンジジュースを飲むのが好きでよく注文される
- ビールを飲む人は餃子を一緒によく注文する

島替え後 島3

- 店主は昔ホテルのフランス料理レストランで働いていた
- 店主はラーメンのスープにこだわりを持っている
- ラーメンの麺は自家製麺を使っている
- チャーシューは手作りのものを使っている

島替え後 島4

- 近くに工場群がある
- 家族だけで経営しているため手が足りない時間がある

島替え後 島5

- 休日は家族連れのお客が多い
- 家族連れ用の席が少ない

図6.8　島替え実施の例

6章　層別図解法の作成手順

タカードを見て、これとこれは一緒だろう、というような気づきを得た段階で、所属する島を変えていくことがポイントです。

また、一度所属の島を替えた言語データカードも、他の言語データカードの島替えを進めていく中で、やはりこっちかなと思ったときは、その都度、島を替えていきましょう。みなさんが層別図解法を使うときには、身近な生活や仕事のことに使うと思います。ですから、言語データカードに対する十分な知識や経験をもったうえで層別図解法を作るため、きらりと光る言語データカードに気づくことはそれほど難しいことではなく、自然に気づきを得られることでしょう。あれこれと深刻に悩むことなく、比較的に手早く島替えができるはずです。このことは、QCサークル千葉地区の各企業で使用していく中で、実証されてきました。

特に島替えが効果を発揮するのは、最初の層別Keyで島作りしたときに、「その他」に含まれてしまう言語データカードが多い場合です。島替えをすることで、よりふさわしい、近い意味をもつ島へと、言語データカードを寄せることが可能となります。この島替えを行うことで、層別図解法から得られる解が、単なる層別による分類法に近い解から、より深く言語データを追究した解へと導いてくれます。

ただし、あまり深く考えて島替えに時間を割きすぎると、層別図解法の特徴であるスピード感がなくなってしまいます。ポイントは、きらりと光る言語データに限って島替えして、島作りを見直すことです。

6.5.2 きらりと光る言語データの見つけ方

繰返しになりますが、きらりと光る言語データは自然と見つかります。そのためのポイントを以下に示します。決して難しいものではありません。

ポイント1：何のために層別図解を作るのか、目的を明確にする

層別図解を作る際に、図の上部に5W1Hを使って目的を具体的に書いておくのも一つの方法です。

　　ポイント２：原始情報の収集段階から言語データ化まで、すべての言語データをきちんと見る

漠然と見るだけでなく、その言語データをきちんと読み込んで、その意味を自分なりに考えることが必要です。この２つのポイントは、層別図解法以外の図解法を使ううえでも重要です。ぜひ実践してください。

この島替えできらりと光る言語データを見つける手順は、「言語が思考を規定する」ことを逆に応用したものです。つまり、思考したことをもとにきらりと光る言語データカードを見つけることが、この島替えの本質です。島替えの対象となるきらりと光る言語データカードは、比較的すぐに見つかるため、このステップは意外に早く進められます。ぜひみなさんも実際のテーマで体験してください。

6.6　作成手順６：島の表札作り

次は、その島ごとに表札（見出し）を作ります。表札とは、その島が何をいっているのか、各々の言語データカードが示している意味を読みとって、字句の抽象度を高めることで、その島の言語データカードの意味を包含した見出しとするものです。

QCサークル千葉地区の層別図解法の研修会では、島替えまでスムーズに作図を進めてきた受講者の多くが、この表札作りでピタッと手が止まってしまうことがよくあります。複数ある言語データカードを上手に１つにまとめるためには、その人のもっているボキャブラリーがものをいいます。同じ内容でも相手や状況によって言葉を使い分けできる人は、ボキャブラリーが豊富な人だといえます。ボキャブラリーは、いい換えるスキルでもあるため、日頃から意識しておくことが必要です。

表札作りで行き詰まった場合は、2つの方法があります。1つは、その島の表札作りは一旦後回しにして、表札が作りやすそうな島に移ることです。もう1つは、p.72の表6.2を参考にして、ひとまず足し算型で進めることです。表札の作りやすい島から順次表札を作っていくうちに、次第に表札作りの手際もよくなります。その後足し算型で仮置きしていた表札に戻れば、当初考えられなかったようなアイデアを掘り出しやすいからです。

6.6.1　表札作りのポイント

表札は、島に配置されたそれぞれの言語データカードがもつ共通の意味を反映するものでなければなりません。つまり、表札は島に配置された各々の言語データカードよりも、少し抽象度が高い、広い概念や要約した言語データカードにするということです。島に配置される各々の言語データカードよりも抽象度を下げて具体的になると、要約にはなりません。しかし、抽象度を上げ過ぎても、本来、島にない言語データカードの意味をもたせることになってしまうため、注意が必要です。ですから、表札を見た人が、島に配置されている各々の言語データカードをイメージできるようにする必要があります。

6.6.2　表札作りのイメージ

例えば、「赤色」と「白色」の表札を作成するとします。この場合、「明るい色」という表札では、抽象的すぎます。赤だけでなく、オレンジや黄色もイメージできるからです。また、「赤色と白色」と表現してしまうと、具体的すぎます。表札のイメージは、島内に配置された各々の言語データカードから少し抽象度を上げて、別の言葉でいい換えることが、表札作りのポイントです（図6.9、図6.10）。前述の例でいうと、「赤色」と「白色」の表札を「桃色」とすることで、2つのものが融合

図 6.9 表札のイメージ

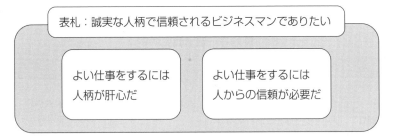

図 6.10 表札の例 ①

しているイメージを表現できます。

6.6.3 目的に応じた言語データの選択

　表札は、島に配置されている複数の言語データカードを反映した、島を代表する言語データカードです。しかし、実際には島に配置された言語データの「種類」が混在している場合があります。このような場合、事実認識をまとめることを目的とするときは、できるだけ事実データを主体に作図する必要があります。また、新しい発想を得たいときは、事実データよりも、むしろそれ以外の、予測、推定、意見、発想などの言語データでまとめることが必要になります。表札作りの段階で、改めて作図目的に適した言語データかどうかチェックが加えられるケースも見られますが、誤った解を得ないために、言語データの収集段階から、作

図目的にあった「種類」の言語データを収集することがポイントとなります（表6.2）。

表6.3に図6.10の言語データカードを用いて悪い表札の例を示します。

表6.2 得たい解に対して使用する言語データの種類

事実認識	事実データのみでまとめる
仮説	すべてのデータでまとめる（仮説は、検証が必要）
発想	事実データを排除してそれ以外でまとめる（既成概念の排除）

表6.3 悪い表札の例

類例	表札	理由
目次型	よい仕事の条件	データカードの内容がまったく反映されていない：抽象度高
単語型	信頼されるビジネスマン	単語型は抽象的過ぎて内容が不明になる：抽象度高
いいすぎ型	よい仕事をするビジネスマンは、人を引き付ける魔力があり、周りの人から信頼される	あまりにもいいすぎて、元のカードよりも具体的になってしまっている
足し算型	よい仕事をするには、人柄と人からの信頼が必要だ	何のためにカードを寄せたかわからない、2枚のカードの本質の把握や発想がない：抽象度低
先走り型	よい仕事には人間性尊重の精神が重要だ	カードから発想を得る前に、主観や既成概念で先走っている：抽象度中

出典）山本泰彦：『営業部門のための問題解決・改善セミナーテキスト　付属資料』、日本科学技術連盟、2010年

6.7　作成手順7：各島間の関係性探索

作成手順7では、各島間の関係性を探索して図解化することで、島と島がどのように関係しているのか、きらりと光る言語データは他のデータや島とどう関係しているのかが、一目でわかるようにします。この

各島間の関係性の探索手順も、QCサークル千葉地区の各企業が実践で培ってきた作図手順のひとつです。

6.7.1　各島間の関係性表記

島間の関係性と図解で表記する記号を**表6.4**に示します。これらは各島間の関係性を知るうえで重要となってくるため、しっかりと考えて表記しましょう。

図6.11から例を挙げて、島間の関係性探索の方法を紹介していきます。もちろん、関係性が感じられないものについては、無理に関係性をこじつける必要はありません。

表6.4　島間の関係性と図解で表記する記号

関係性	図解表記または処置
原因の事象から結果の事象に向かうもの	矢印　→
似たような意味で、関係性が深いもの	（島を統合する）
原因の事象と結果の事象が双方向に向かうものもしくはお互いが補完するもの	双方向矢印　⇔
意味が相反する事象	双方向矢印に×を重ねたもの

6.7.2　各島間の関係性探索①　原因の事象から結果の事象に向かうもの

「店主は脱サラして店を立ち上げており、ラーメンに対するこだわりをもっているようだ」→「ラーメンを中心としたラーメン店である」

「ラーメンを中心としたラーメン店である」→「店主は脱サラして店を立ち上げており、ラーメンに対するこだわりをもっているようだ」

ラーメンにこだわりをもっているからこそ、ラーメン中心の店にしたと言え、とても関係性が深いことがわかります。しかし、逆にしてみる

表札: ラーメンを中心としたラーメン店である
- わかめラーメンはときどき注文がある
- 1番人気は塩ラーメンである
- チャーシューメンは2番目によく売れている
- ゆで卵がすぐになくなってしまう
- お客さんに丼物はないかとよく聞かれる
- ライスのみ持ち帰りで買いに来るお客さんがいる
- 冷やし中華は夏季限定のメニューである
- 味噌ラーメンもよく注文がある
- 野菜炒めとライスを注文する人もいる
- チャーハンは餃子とセットだと安い値段設定にしている
- 11時から13時までは日替わりランチメニューがある

表札: どこの町にもあるごちんまりとした地域に密着した店である
- 夕方は生ビールがよく出る
- 生ビールはないかとよく聞かれる
- 子供はオレンジジュースを飲むのが好きでよく注文される
- ビールを飲む人は餃子を一緒に注文する

表札: 店主は脱サラして店を立ち上げており、ラーメンに対するこだわりをもっているようだ
- 店主は昔ホテルのフランス料理レストランで働いていた
- 店主はラーメンのスープにこだわりをもっている
- ラーメンの麺は自家製麺を使っている
- チャーシューは手作りのものを使っている

表札: 家族で食べに行きやすい気さくな店のようだ
- 休日は家族連れのお客が多い
- 家族連れ用の席が少ない

表札: 家族経営の小さな店である
- 近くに工場群がある
- 家族だけで経営しているゆえ手が足りない時間がある

図 6.11 表札の例②

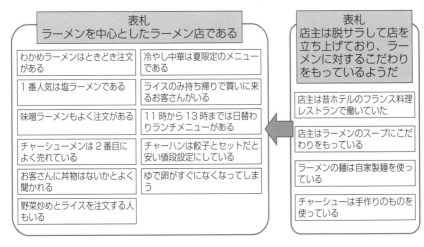

図 6.12　関係性探索の例

と、「ラーメンを中心としたラーメン店なので、店主は脱サラして」となります。おかしいですね。

このように、一方通行で原因の事象から結果の事象に向かうものは、矢印を記入して表現します（図 6.12）。矢印は、「だから」や「なので」といった意味で使います。この図解化により、店主のラーメンに対する思いがよりイメージできるようになります。図 6.13 に作図イメージを示します。

6.7.3　各島間の関係性②　似た意味で関係性が深いもの

図 6.14 からは、こぢんまりとした気さくな店という印象を受けます。このように、似た意味で関係性が深いもの、近しい・親和性のあるものは、島同士を統合してひとつの島にします。ただし、元になっている島は崩さずに、1 段階大きな島として表現します。諸島や列島といったイメージです。せっかく作った島を崩してまとめてしまうと、本来の層別でまとめた意味が薄らいでしまうので、注意が必要です。図 6.15 に、

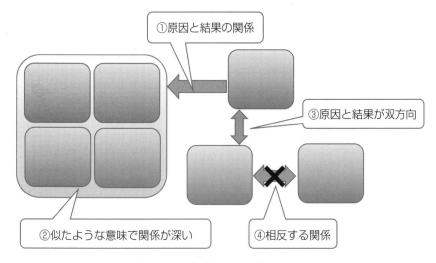

図6.13 作図イメージ

```
家族経営の小さな店である
家族で食べに行きやすい気さくな店のようだ
どこの町にもあるこぢんまりとした地域に密着した店である
```

図6.14 島の統合（表札で関係性を探る）

島の統合の例を示します。

6.7.4 各島の関係性③ 原因の事象と結果の事象が双方向に向かうもの、お互いが補完するもの

意味は違いますが、原因の事象と結果の事象が双方向に向かうものは、双方向矢印を付けます。例えば、"店主はラーメンにこだわりをもっている"と"ラーメンの注文が一番多い"という表札をもつ島がで

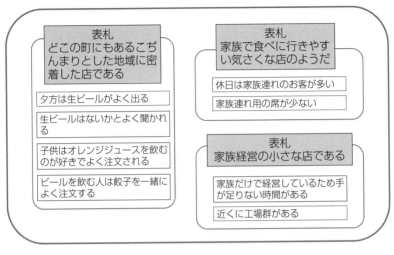

図 6.15 島の統合の例

きたとします。この 2 つは、意味が違うので統合はできませんが、深い関係にあることがイメージできます。この場合、こだわりをもったラーメンだからこそ注文が多いともいえますし、注文が多いからこそこだわりをもっているともいえます。

店主はラーメンにこだわりをもっている ⇔ ラーメンの注文が一番多い

また、お互いが補完するものにも、双方向矢印を付けます。例えば、"近所の飲食店は休日も営業している" と "休日に外食する回数が多い" という表札をもつ島ができたとします。この場合、どちらが原因でどちらが結果というわけではありませんが、お互いを補完していて関係性が深いといえます。

近所の飲食店は休日も営業している ⇔ 休日に外食することが多い

6.7.5 意味が相反する事象

層別図解法は混沌とした言語データのまとめに使用することが多く、アンケートで得られた言語などデータのまとめには最適です。しかし、アンケートは意見データが多数含まれているため、ラーメン店を例にすると、おいしい・まずい、安い・高い、早い・遅いなどの、相反する意見データが集まることがあります。

このような場合には、双方向矢印に×を付けた図解で表現します。

| 駅前のラーメン店はおいしい | | 駅前のラーメン店はまずい |

6.7.6 各島間の関係性探索における注意点

島間の関係性の考え方や図解の方法については、下記のような点に注意する必要があります。

① 関係性の探索は島間のみにとどめる

各データ間や統合した島の中での関係性を図解化するのは控えます。せっかくまとめたものが複雑になり、わかりにくくなります。島間のみの図解表記を心がけるようにします。

② 関係性は密接な関係のみに絞る

10個程度の島に10個も20個も関係性の図解表記が記されていたら、複雑になってしまいます。島数の半分以下を目安に、「これは関係が深いぞ！」と思われる関係性だけに絞って図解表記します。

③ 島の配置換え

島間の関係性記入時に、どうしても複雑になってしまう場合は島の配置換えをします。俯瞰して見やすいように島を置くことも大切です。

なお、付せんを使って大きな紙などに配置する場合には、A4用紙などを島に見立てて、その上に付せんを貼っておくと、A4用紙を動かすだけで簡単に島の配置を変えられます。

④ 関係性の探索はしっかり行う

関係性の探索をしっかり行うことで全体のイメージがつかみやすくなり、大表札（まとめ）の言語データカードがスムーズに出てきます。

6.8　作成手順８：統合した島の中表札作り

島の関係性探索では、近しい（親和性のある）関係にある島を統合しました。次の手順は、この統合した島をまとめた中表札を作成します。島を統合した中表札作りの手順は、作成手順６「島の表札作り」とほぼ同じです。しかし、島に配置されている言語データカードの数が多くなったことと、核心に迫るまでもう一歩のところまできていることを考えると、ただ単純に表札を組み合わせて作るだけでは、抽象度が高くなっただけのいい換えにすぎず、新たな着眼が乏しい中表札となってしまうので、注意が必要です。

もちろん、作成手順６での作り方と同じで結構ですが、ここでは、少し違ったアプローチで考えてみることにします。

6.8.1　中表札イメージをもう一度整理する

もう一度、統合した島（図6.16）を俯瞰してみます。

そもそものテーマは、ラーメン店の店主が話している言語データを使って、どんなラーメン店なのかを認識することです。QCサークル活動や品質管理活動でいう「現状の把握」です。

店主と友人のことばから事実データや意見データを拾い出し、何がポイントなのかを見つけ出しましょう。この島は、店の雰囲気について書かれていますので、イメージを膨らませてみてください。

家族経営の小さな店ですが、平日の夕方には餃子をつまみにビールを飲んで帰る人たちでにぎわい、休日には家族連れで大忙し。大人から子

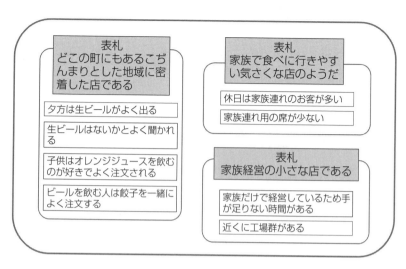

図 6.16 統合した島

どもまで、地域のお客様に来てもらうためにいろいろな工夫をしているのが感じとれます。言語データにはありませんが、「ゆで卵サービスね!」、「お兄ちゃん大盛りにしといたよ!」といった声も聞こえてきそうです。どうでしょう? イメージは湧きましたか?

6.8.2 中表札作りと言語データの抽出

イメージが膨らんだところで、言語データを整理していきます。表札の言語データを単位化します。後でまとめやすくするためです。そして、言語データカードの中から、きらりと光る言語データを選びます。これをイメージの Key として選んでおきましょう。

表札を見ると、どこの町にもある、こぢんまりとしている、地域に密着している、家族で食べに行きやすい、気さくだ、家族経営である、小さな店である、となっています。

言語データカードを見ると、ビールを Key としたカードが3枚あり

ます。同じ意味をもつ言語データカードでも、廃棄せず残しておくことで、同じ意見が多いという散布図のような見方ができるのも、層別図解の特徴の一つです。ここでは、「ビールを飲む人は餃子を一緒によく注文する」を選ぶことにします。また、「休日は家族連れの客が多い」は、全体感をイメージできます。これをイメージしながら作るとやりやすいでしょう。

6.8.3 中表札作りと言語データのまとめ方

表札から単位化したものをまとめてみます。

表札の言語データ群を「町の食卓として親しまれている」とまとめてみました（図6.17）。すべての意味が含まれていると思いませんか？しかも、この語句からきらりと光る言語データのニュアンス（イメージ）も感じ取ることができます。

むずかしいな、と思われた方でも、最初は時間がかかりますが、慣れてくれば、単位化しなくても、イメージをつかんだ後に表札を見るだけで、頭に浮かぶようになります。「習うより慣れろ」です。言語データの組み立てだけでなく、イメージを大切にするようにしてください。図6.18に中表札と作成した全体図を示します。

図 6.17　表札のまとめ

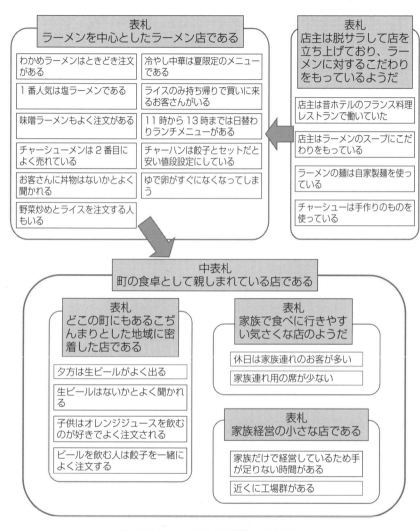

図 6.18　中表札作成後の全体図

6.9　作成手順 9：大表札作り

　大表札を作ります。作成手順 6 の表札作り、手順 8 の中表札作りを経験した方なら、もう大丈夫です。核心に迫っていきましょう。

例題をもう一度整理します。ラーメン店の店主が話している内容の言語データカードの総数は23枚です。これを使って、このラーメン店の現状把握をしていきます。大表札は「〜な店である」もしくは「この店は〜である」という表現にします。

6.9.1 大表札のイメージの整理

中表札作りで、「町の食卓として親しまれている店である」という、島のもつイメージを説明しました。そこで今度は、関係性を含めた全体のイメージを膨らませてみましょう。

「店主は脱サラして店を立ち上げており、ラーメンに対するこだわりをもっているようだ」。すなわち、「ラーメンを中心としたラーメン店である」。そのため、「町の食卓として親しまれている店である」

どうでしょうか？関係性を考慮して表札を足しただけでも、ぐっとイメージが湧きますね。これは、各島の表札がそれぞれの島をよく表現できていて、イメージができているからといえます。さて、全体を俯瞰してどのような店なのか、考えてみてください。もちろん、正解はありません。人が変われば答えも変わります。自分の考えに自信をもって発言しましょう。ただし、ここまで来ると大外れはしません。なぜなら、層別図解を一緒に作成した仲間の意見であり、共有したイメージだからです。大表札のことばづかいは、言語が変わっても意味が変わることはないでしょう。

6.9.2 大表札作りの注意点

大表札を作る際に注意する点を、以下に述べます。

① いい切る

大表札は結論です。できるだけ「〜だろう」や「と思う」という表現でなく、「〜だ」や「〜である」といい切ることで、結論を強調します。

ここがぼやけると、得られた解の意味が薄くなります。しかし、場合によってはいい切ってしまうレベルまで結論づけられないケースもあるので、その場合は「〜だろう」、「〜と思う」などの表現でも問題ありません。

② 抽象度を上げ過ぎない

このような図では、まず大表札が目につきます。大表札の抽象度が高く、曖昧になると、結局全体を見直していかなければなりません。そのため、層別図解法そのものの効能が発揮できません。大表札は、表札や中表札と違い、複数のことばを使ってでも（言葉の足し算）全体感を表せるようにしていきましょう。当然ですが、大表札は中表札や表札がもつ意味を包含しているため、中表札よりも少し長めの文章になるのが一般的です。

③ 事実・意見・発想データの使い分けに注意する

作成手順6でも述べましたが、目的が現状把握なら大表札は事実データに基づいたものになり、また、目的が方針設定なら予測・指定・意見・発想データも含めたものになります。すなわち、言語データが作図目的にマッチするように注意する必要があります。

ラーメン店の事例は、大表札を「店主のこだわりで作るラーメンが地域の幅広い人たちに支持されている家庭的な雰囲気の店である」としました。全体感がよくわかります。

大表札は全体の結論であり、その先を導くことばです。大表札は全体のイメージを表現することばを選んで作っていきますが、この先どうしていけばいいのか、というイメージもおぼろげに見えてきます。面白いですね。

6.10　作成手順10：作図のまとめ

大表札が完成しましたが、まだ完成ではありません。仕上げをしていきましょう。

① テーマ名

テーマ名を記入します。一番上に大きく書きましょう。

② 作成日

作成日を記入します。数日間にわたって実施する場合、それぞれの日付と内容も記入しましょう。

③ 作成者

サークルの名前、およびサークル員の氏名を記入します。リーダー・書記・発表者など、役割も記入しましょう。

④ 言語データ数

全体の言語データカードの枚数を記入します。これによりアイデアの数がわかります。

用紙の上部1/4程度を使って表記するとわかりやすくなります。

現場で作図を行う場合に、もっとも抜けが多いのが必要事項の記入です。作図したときにはよいと思ったものが、後から見直すと、いつ、誰が、何のために、という記載がないことが多くあります。資料作成時の日付と作成者の記載がないと、最新版なのかわからず、また、誰が考えたのかもわからないため、捨てられてしまうことがあります。グラフ

【テーマ】

駅前ラーメン　店主の話のまとめ

リーダー：山本　サブリーダー：藤田　書記：猿渡
メンバー：藤岡、近藤、上家、浦邊

2015年10月1日作成
駅前商店街サークル
N＝23

図6.19　必要事項の記入例

と同様に、必要事項の記入を習慣化するようにしましょう。前掲の図6.19に記入例を示します。そして、完成した層別図解が図6.20です。

6.11　作図の実践的応用例とヒント

【作図前】

　①　作図時間は2時間を目安に

　層別図解は、QCを知らない人でも、一通りの手順さえ覚えていれば、2時間もあれば作図できます。このことはQCサークル千葉地区の幹事会社でも実証されています。まとまらない会話で時間をムダにしていると感じている方は、ぜひチャレンジしてください。わずか2時間です。親和図法と比較して層別図解法のまとめは、かなりスピーディにできます。層別図解法に限らず何事もそうですが、時間設定をしないで取り組むと、どうしてもだらだらして、時間ばかりかかってしまいます。面識のない人たちでは会話が停滞して休憩が増えますし、気の合う仲間では会話が脱線してなかなか前に進みません。適度な緊張感を保つためにも、スケジュール管理は必要です。そのため、作図するときは、タイムキーパーを導入するとよいでしょう。

　②　作図を始める前にリーダーから目的や意図を説明する

　層別図解法は、混沌としたものをまとめてすっきりさせるのに適しています。しかし、いざデータを集めるときに、考え（アイデア）がまったく出てこない人もいます。作図を始める前に、5分程度でいいので、リーダーから作図の目的や意図などを話すとよいでしょう。

【原始情報の収集～言語データカードの層別の島作り】

　③　連想することでイメージを共有し膨らませる

　アイデアが出ない場合は、すでに出ている言語データカードの中か

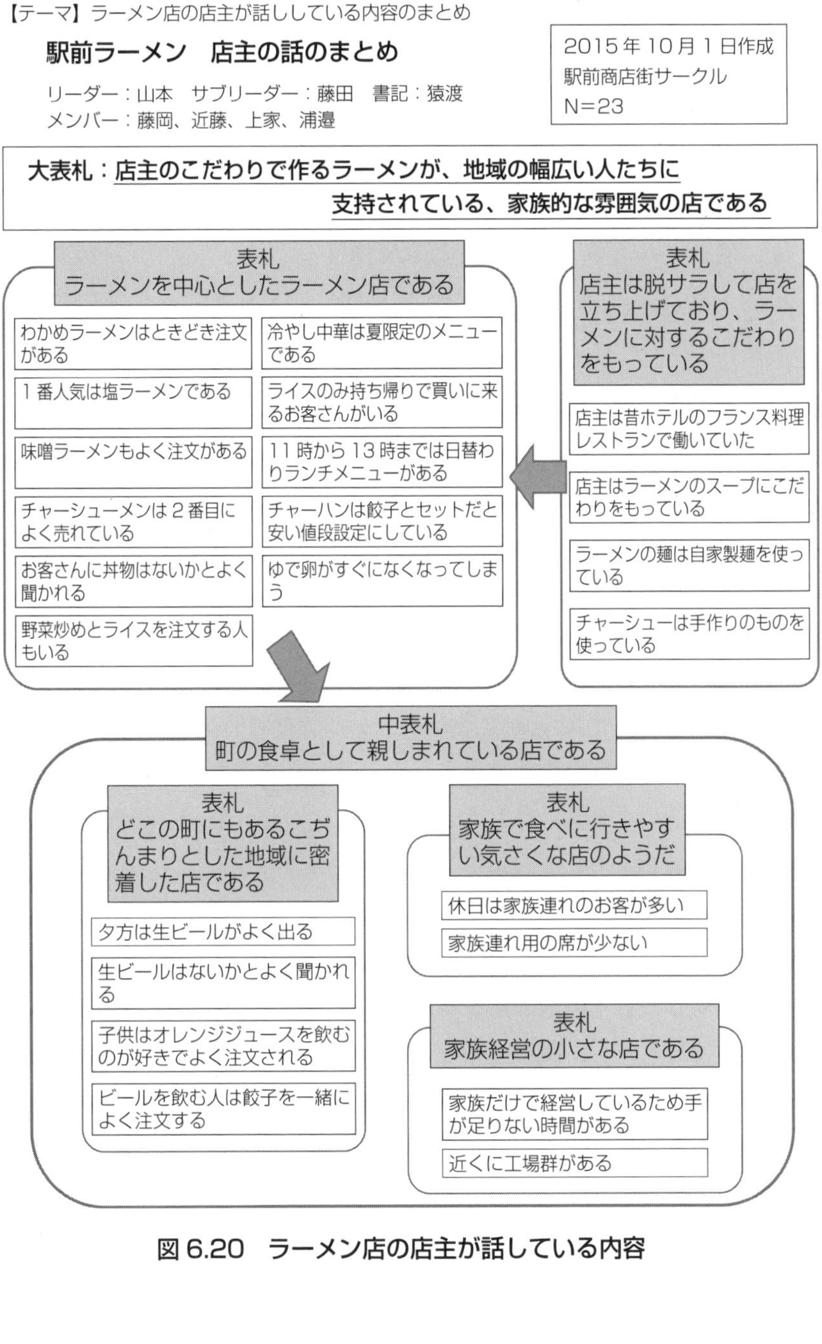

6.11 作図の実践的応用例とヒント

【テーマ】ラーメン店の店主が話ししている内容のまとめ

駅前ラーメン　店主の話のまとめ

リーダー：山本　サブリーダー：藤田　書記：猿渡
メンバー：藤岡、近藤、上家、浦邉

2015年10月1日作成
駅前商店街サークル
N=23

大表札：<u>店主のこだわりで作るラーメンが、地域の幅広い人たちに支持されている、家族的な雰囲気の店である</u>

表札
ラーメンを中心としたラーメン店である

- わかめラーメンはときどき注文がある
- 1番人気は塩ラーメンである
- 味噌ラーメンもよく注文がある
- チャーシューメンは2番目によく売れている
- お客さんに丼物はないかとよく聞かれる
- 野菜炒めとライスを注文する人もいる
- 冷やし中華は夏限定のメニューである
- ライスのみ持ち帰りで買いに来るお客さんがいる
- 11時から13時までは日替わりランチメニューがある
- チャーハンは餃子とセットだと安い値段設定にしている
- ゆで卵がすぐになくなってしまう

表札
店主は脱サラして店を立ち上げており、ラーメンに対するこだわりをもっている

- 店主は昔ホテルのフランス料理レストランで働いていた
- 店主はラーメンのスープにこだわりをもっている
- ラーメンの麺は自家製麺を使っている
- チャーシューは手作りのものを使っている

中表札
町の食卓として親しまれている店である

表札
どこの町にもあるこぢんまりとした地域に密着した店である

- 夕方は生ビールがよく出る
- 生ビールはないかとよく聞かれる
- 子供はオレンジジュースを飲むのが好きでよく注文される
- ビールを飲む人は餃子を一緒によく注文する

表札
家族で食べに行きやすい気さくな店のようだ

- 休日は家族連れのお客が多い
- 家族連れ用の席が少ない

表札
家族経営の小さな店である

- 家族だけで経営しているため手が足りない時間がある
- 近くに工場群がある

図 6.20　ラーメン店の店主が話している内容

6章　層別図解法の作成手順

ら、拡散思考できてアイデアが広がりそうな言語データカードの内容をリーダーが紹介しましょう。そうすることで、その言語データカードの内容に便乗して連想される言語データが出てくるようになります。中には、真似をしたといわれるのが嫌いな方もいますが、真似・便乗は大いに結構です。イメージを共有して膨らませるのが大切です。

④　層別 Key が決まったら迷わず島作り

層別 Key が決まったら、迷わずに島作りに入りましょう。ここが層別図解法のスピード感を実感できる、醍醐味があるところです。ここは悩む必要はありません。慣れてくると、島替えを前提とすることでスピーディに島作りができるようになります。

⑤　一匹オオカミのデータは大切に

どの世界でも少数意見は貴重です。捨てずに取って置いてきらりと光るものがあれば表札に反映させるか、イメージとして意識づけするとよいでしょう。

⑥　言語データカードは捨てない

層別図解法は、出てくる意見の多さから散布図的な見方もできます。研修では「同じ内容なので捨てました」というのがまま見られます。同じ意味でもそのまま置いておくか、スペースが足りなかったら重ねて配置し、横に数をメモしておいてください。

【言語データカードの層別の島替え〜作図まとめ】

⑦　停滞したらその他の島を見直す

対話が停滞したら、頭のリセットが必要です。休憩もよいですが、ブレーン・ストーミングで言語データカード作りを行うと、さまざまな面白いカードも出てきます。みんなで話して盛り上がると、うまく頭のリセットができます。

⑧ 層別 Key は最後まで残す必要はない

層別 Key は、島替えをした後で作られる表札と大きく意味が異なる場合があります。その際は、表札を主として気にせずに層別 Key を外しましょう。ただし、層別 Key と表札が同じ意味で、残しておいたほうがわかりやすければ、層別 Key を残しても結構です。

⑨ 表札作りで停滞してしまったら

表札作りは、一番悩むポイントです。前に述べましたが、どうしてもできなかったら、単位化して足し算型を作り、そこから言葉をまとめていく方法が近道です。ただし、作成手順6でも述べたように、単純に足し算して終わりにしてはいけません。注意してください。

ここまで、層別図解法の作成手順を説明してきました。いかがでしたでしょうか？　混沌としていたものを解明するために、層別図解法は非常に有効です。実践してみると、使いやすく、たくさんの気づきが得られることが、おわかりになると思います。実際にQCサークル千葉地区での研修後には、「意外と短時間でできた」、「最初にテーマについて聞かれたときは答えられなかったが、作図後は、はっきりと答えられた」、「みんなの意見を聞いて勉強になった」、「話をしながら進めるので楽しい」などの意見や感想が出ています。

また、研修では作図しただけで満足している研修生が多いようですが、実はそうではなく、他の手法と同じで、層別図解法も道具のひとつであり、作図後に、この先どうしていくかが重要です。大表札を見て満足するのではなく、ここをスタートにしてまた頑張っていこう！　と感じてくれたら幸いです。みなさんも、楽しく素早く実践できる層別図解法に、ぜひチャレンジしてください。

第7章

層別図解法の活用例

第6章で層別図解法の作成手順を具体例で説明しましたが、本章では、他の手法と組み合わせた活用の仕方と、実際の活用事例を取り上げます。

　層別図解法は、作図目的さえ明確にしておけば、どのような場面でも自由に使える言語データを取り扱う手法です。ですから、他のさまざまな手法から得られた言語データをインプットとして受け取り、目的をもって層別図解法で深く探っていき、得られた解をアウトプットします。そして、そのアウトプットされた解を他の手法のインプットとすることで、解の検証・実証を行い、より具体的な行動計画を作り上げることが可能になります。そのため、層別図解法を他の手法と組み合わせて活用することで、その特性を活かし問題解決・課題達成のスピードアップや質の向上に貢献できます。

　層別図解法は、その他の多くの手法と同じように単なる「道具」に過ぎないため、使う「目的を果たす」ことができるのであれば、どのように使っても、使い方が間違っているということはありません。どのように他の手法と組み合わせて使ってもよいでしょう。

　また、層別図解法は他の手法と組み合わせて使わなければならないものではありません。層別図解法は、単体で使っても、あらゆる場面で効果を得ることのできる手法です。同時に、さまざまな手法をマスターしなければ使えないというものではありません。もちろん、QC七つ道具や新QC七つ道具などの科学的手法の知識があれば、問題の種類と活用場面に合わせてそれらの手法と組み合わせて活用することができるため、高いレベルのアウトプットが得られます。すなわち、問題の種類や難易度によって、それにふさわしい使い方が存在するということです。

　層別図解法の有用性で際立っている点は、作図スピードです。その特徴を活かして層別図解法から得た解を問題の切り口として、系統図法、PDPC法はもとより、特性要因図、連関図法、マトリックス図法、親和

図法、アロー・ダイアグラム法など、言語データを扱う他の手法に自由に展開することができます。同時に、これらの手法によって得られたアウトプットを再び層別図解法の言語データとしてのインプットとしたり、また、ブレーン・ストーミングやマンダラート法で得られた言語データを層別図解法へインプットして、問題の難度によっては複合的かつ多層的に手法を組み合わせて、最適解へ迫ることが可能となります。さらに、層別図解法で得られた言語データを他の言語データ系の手法へインプットすることも、この事例のように可能となります。つまり、言語データを層別 Key として、各手法との組合せ活用が可能となるのです（図 7.1）。

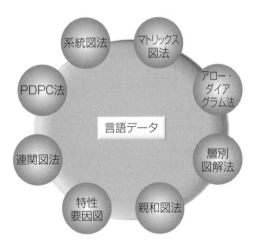

図 7.1　言語データを Key とした各手法の連動活用概念図

7.1　言語データを扱う手法との組合せ：新任サークルリーダーの活用事例

"チャレンジサークル"の新任リーダー A さんが、サークルをどのように運営していくかを検討した事例から抜粋して、層別図解法と他の手

- 小早川さんは、10年間チャレンジサークルのリーダーであった
- 小早川さんは、先月で定年退職となった
- 小早川さんの後任のチャレンジサークルのリーダーに自分が任命された
- 自分は、小早川さんの定年に合わせて3年前からチャレンジサークルに配属された
- 3年経ってようやくサークルメンバーの性格や特徴がわかってきた
- 小早川さんは定年3年前からリーダーシップを発揮していなかった
- 小早川さんは、定年まで無難に過ごそうとしていた
- 遠藤さんは38歳で自分の2つ年下である
- 自分は、40歳である
- 遠藤さんは無口だがしっかりしていて頼りになる人である
- 遠藤さんはコツコツと時間はかかるが精度の高い仕事をやる
- 河井君は、入社3年目で21歳である
- 河井君は、最近仕事の中身がわかって来て楽しくなってきているようである
- 河井君は、まだ仕事に対して自信がなさそうにしているのが問題である
- 河井君は、仕事の中で色々な知恵を出してくれる
- 河井君は、サークルのレクリエーション担当をやってくれている
- 安藤君は現場に初めて配属された女性社員である
- 安藤君は、非常に負けん気が強い
- 安藤君は、男性と同じ仕事をやらせて欲しいといっている
- 安藤君は、自分から安藤君と呼んで欲しいといっている
- 自分はサークルリーダーになったのをきっかけにチャレンジサークルの名前に恥じない何事にも挑戦するサークルにしたいと思っている
- 当社では、年に4回のQCサークル活動発表大会が開催されている

図7.2　新任リーダー

7.1　言語データを扱う手法との組合せ：新任サークルリーダーの活用事例

- チャレンジサークルは、いわれたことをやっておけばよいといった雰囲気が蔓延している
- チャレンジサークルは、7年前までは、非常に活発な活動を行って何事にもチャレンジしていた
- チャレンジサークルが活発な時期を知っているのは、釟持さんだけである
- 釟持さんは後3年で定年退職する
- 釟持さんはベテランで仕事の事から人脈まで会社の事を多く知っている
- 釟持さん以外のメンバーは1～3年前にチャレンジサークルへ異動してきた
- 遠藤さんは、私のすぐ下の部下である
- 遠藤さんは、自分より1年後の2年前から現職に就いている
- 遠藤さんは、前の職場では、先輩が多く昇進の道が閉ざされるとの理由で配転された
- 遠藤さんは、自分の後にリーダーになることを嘱望されている存在である
- 河井君は、みんなが参加できるイベント企画に苦労している
- チャレンジサークルは年齢層が広い
- 安藤君は今年入社である
- 河井君と安藤君は年齢が近く気が合う
- 河井君は安藤君のコーチャーである
- 河井君は安藤君を仲間の飲み会によく誘って一緒に参加している
- 安藤君は、女性らしさも十分持ち合わせており職場の潤滑剤となっている
- 安藤君は仕事は覚えたてでコーチャーの河井君の後に就いて仕事を教えてもらっている
- 安藤君は頑張っている
- 当社では、年4回のQCサークル研修が開催されている
- 当社では、QCサークル活動に対する報奨が十分になされる仕組みがある

Aさんの言語データ

7章　層別図解法の活用例

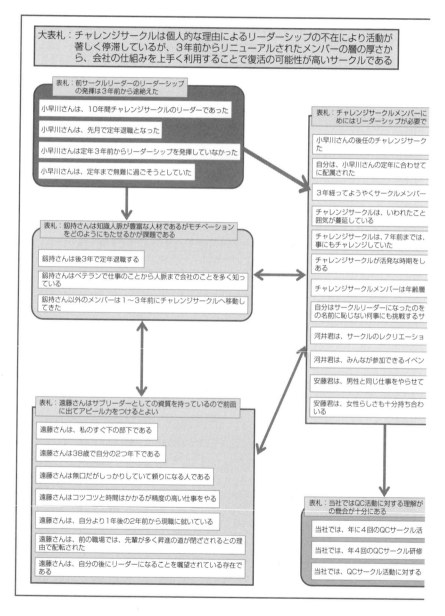

図 7.3 作成

7.1 言語データを扱う手法との組合せ：新任サークルリーダーの活用事例

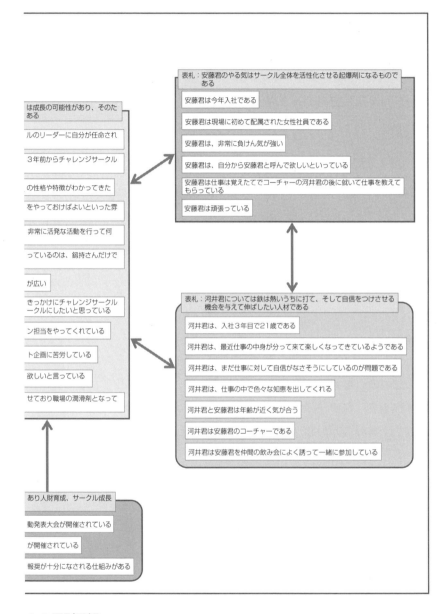

した層別図解

法との組合せ活用の例をご紹介します。

Step1
まずAさんは、サークルの状況や自分の置かれた状況のすべてを、思いつくままに言語データカードに書き出しました(前掲の図7.2)。

Step2
次にAさんは、言語データカードをもとに層別図解を作図して、サークルの現状について考察しました(前掲の図7.3)。その結果、「チャレンジサークルは個人的な理由によるリーダーシップの不在により活動が著しく停滞しているが、3年前にリニューアルされ、メンバーの層も厚いことから、会社の仕組みを上手に利用することで復活の可能性が高いサークルである」という現状の姿が見えてきました。

Step3
サークルの現状を把握したAさんは、次にこのサークルをどのようにしたいのかを考え、自分の思いを言語データカード化し、さらに層別図解法を使ってサークルのあるべき姿をまとめました(前掲の図7.4)。そして、自分の想いが「QCサークル活動を通じて人財育成と楽しい仕事ができるサークルにする」ことだという解を得ることができたのです。

Step4
次に、あるべき姿として層別図解法から得られたアウトプットを系統図法の基本目的、一次目的のインプットとして、具体的な方策案を作りました(図7.5)。ここでは、系統図法で得た方策案から、PDPC法の流れを作るためのアウトプットを得ています。

7.1 言語データを扱う手法との組合せ：新任サークルリーダーの活用事例

```
┌─────────────────────────────────────────────────────────────┐
│ ┌───────────────────────────┐  ┌───────────────────────────┐│
│ │大表札：QCサークル活動を通じて│  │人・組織・仕組みをフルに活用 ││
│ │人財育成と楽しい仕事ができ  │  │する                        ││
│ │るサークルにする            │  │                            ││
│ └───────────────────────────┘  └───────────────────────────┘│
│                                                              │
│ ┌───────────────────────────┐  ┌───────────────────────────┐│
│ │リーダーシップのもとでチャレン│  │会社のQC発表会で優秀な賞を受││
│ │ジサークルを以前のように名実と│  │賞してサークル員のモラールUP││
│ │もチャレンジするサークルにした│  │を図りたい                  ││
│ │い                          │  │                            ││
│ └───────────────────────────┘  └───────────────────────────┘│
│                                                              │
│ ┌───────────────────────────┐  ┌───────────────────────────┐│
│ │チャレンジサークル員の人財育 │  │会社のQCサークル研修を活用し││
│ │成を図る                     │  │てサークル員のレベル向上を目指││
│ └───────────────────────────┘  │したい                       ││
│                                 └───────────────────────────┘│
│ ┌───────────────────────────┐                                │
│ │安藤君のやる気をサークル活動で│  ┌───────────────────────────┐│
│ │発揮させて、他のサークル員のや│  │会社の報奨金制度を活用したい││
│ │る気の起爆剤とならせたい    │  └───────────────────────────┘│
│ └───────────────────────────┘                                │
│                                 ┌───────────────────────────┐│
│ ┌───────────────────────────┐  │鈬持さんの知見、人脈をフルに活││
│ │遠藤さんを次期リーダーとして育│  │用したい                    ││
│ │成したい                     │  └───────────────────────────┘│
│ └───────────────────────────┘                                │
│                                 ┌───────────────────────────┐│
│ ┌───────────────────────────┐  │安藤君の女性らしさを活用してサ││
│ │河井君にレクリェーションの企画実│ │ークル内の雰囲気をなごやかにし││
│ │行を行わせて自信をつけさせたい│  │たい                         ││
│ │また、その機会を通じてサークル員│└───────────────────────────┘│
│ │のコミュニケーションを図りたい│                                │
│ └───────────────────────────┘                                │
└─────────────────────────────────────────────────────────────┘
```

図 7.4　サークルのあるべき姿

Step5

Step4 の系統図で得た方策案を活用して、サークルのあるべき姿への成功シナリオを PDPC 法を用いて策定しました（**図 7.6**）。

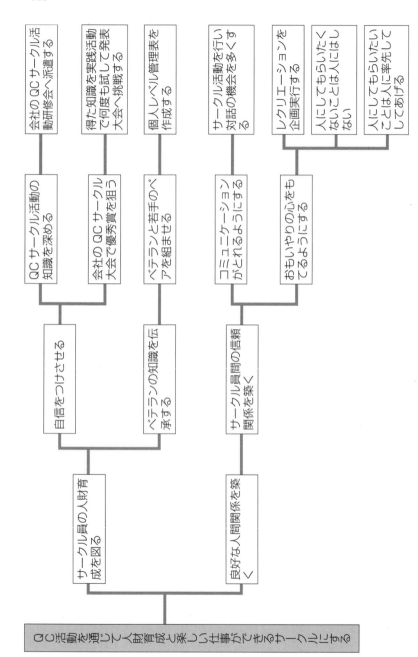

図 7.5 サークル運営を進める方策案

7.1 言語データを扱う手法との組合せ：新任サークルリーダーの活用事例　　101

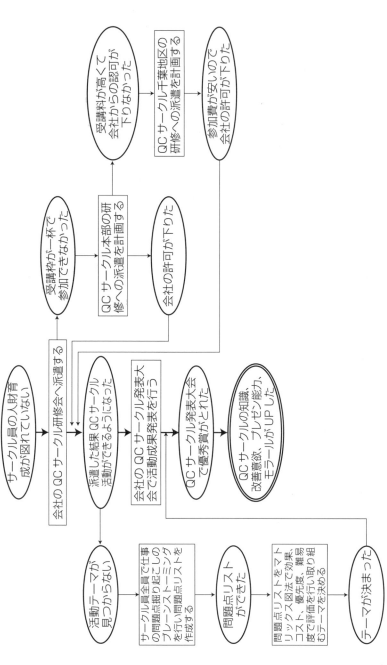

図7.6　サークル運営の具体的実行シナリオ

7.2　数値データを扱う手法との組合せ：鉄製品の輸送費削減の活用事例

　言語データを扱う手法では、特に原因を探索する場合、実証や反証ができない個人の思いが過度に入り過ぎると、事実と大きく異なる解を得てしまう危険性があります。一方、数値データでは、データ採取の準備段階からデータの解析まで、まったく言語データを使用しないようでは、数値データが何を示しているか、その結論も表現できません。問題の探究や改善に向けて科学的手法を活用する場合、言語データと数値データは、多くの場合お互いに補完し合う関係にあります。そのため、数値データ系の手法と言語データ系の手法を、問題の場面や種類によって積極的に組み合せて活用することが、最適解を得られる近道となります。図 7.7 に、言語データと数値データの補完関係の概念図を示します。

　もちろん、4.3 節で述べたように、言語データ固有の機能はありますが、私たちの現場では、数値データと言語データの二者択一ということ

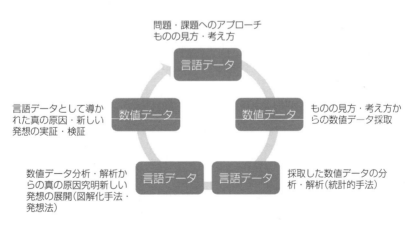

図 7.7　言語データと数値データの補完関係概念図

はありません。どちらもないがしろにできない重要なデータと理解しています。

言語データと数値データの関係について、層別図解法に特化して、具体的な例を紹介します。

ある会社の事業所の事例です。毎月の経費の数値データを見ると、鉄製品の輸送費が増大しているため、コスト削減のために何か手を打つように、事業所長から指示がありました。

Step1

輸送担当のY君は、その経験から、大きなトレーラーに小さな荷物を積んで何度もひとつのお客さんと工場を往復しているのではないか？という、モヤッとした状態を感じていました。これを確信に変えるため、QC手法研修で習ったパレート図を使って輸送費用が高くかかっている納入先を調べ、そこからどのような車両で1回あたりどのくらいの荷物を運んでいるのかを5W1Hにより言語データで考え、それに沿ってたくさんのグラフを作成してまとめました。

Step2

Step1と並行して、輸送を担当している人たち全員で集まり、輸送費増大の原因は何かというブレーン・ストーミングを行って、言語データを集め、層別図解法でまとめました(図 7.8)。その結果、出てきた表札や大表札は、やはり小さな荷物を大きな車両で何度もお客様のところへ運んでいることが輸送費の増大につながっているというものでした。また、この層別図解法で得られた主要因を実証するような結果が、パレート図の分析からも得られました。数値データで実証されたわけです。

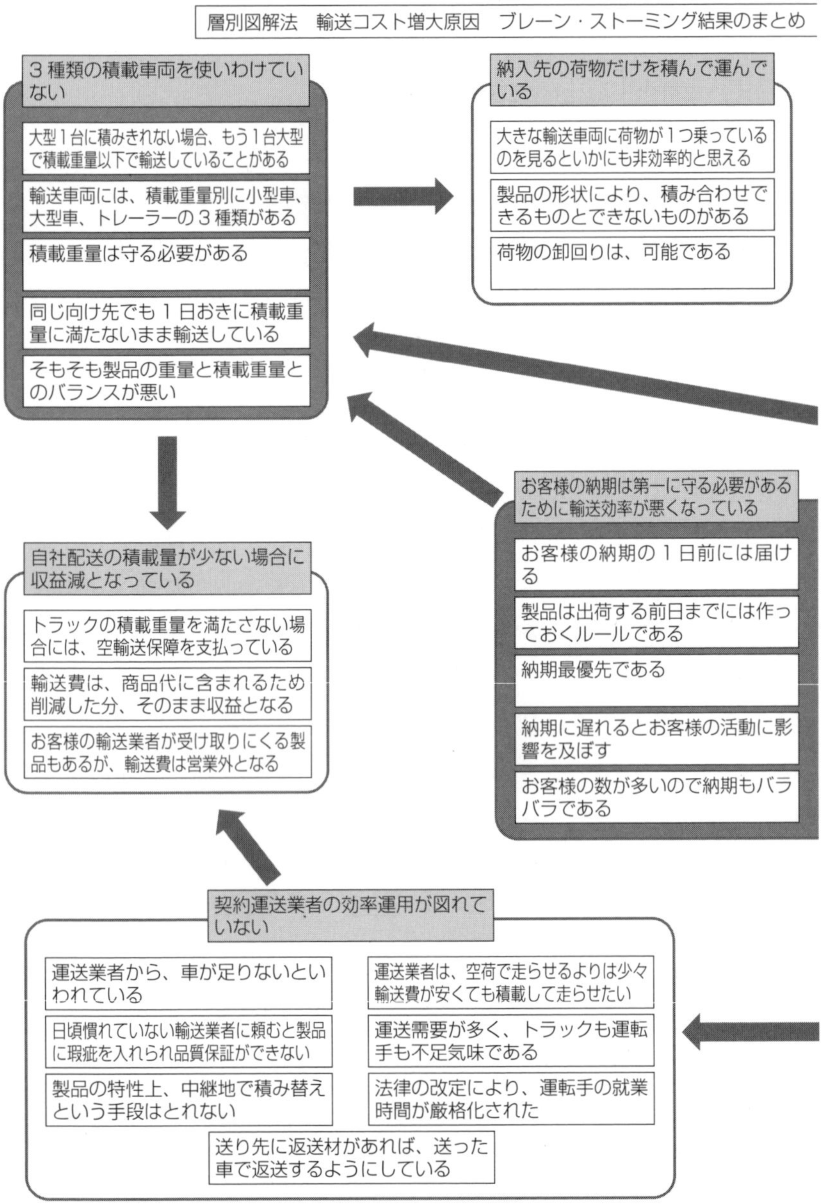

層別図解法　輸送コスト増大原因　ブレーン・ストーミング結果のまとめ

3種類の積載車両を使いわけていない
- 大型1台に積みきれない場合、もう1台大型で積載重量以下で輸送していることがある
- 輸送車両には、積載重量別に小型車、大型車、トレーラーの3種類がある
- 積載重量は守る必要がある
- 同じ向け先でも1日おきに積載重量に満たないまま輸送している
- そもそも製品の重量と積載重量とのバランスが悪い

納入先の荷物だけを積んで運んでいる
- 大きな輸送車両に荷物が1つ乗っているのを見るといかにも非効率的と思える
- 製品の形状により、積み合わせできるものとできないものがある
- 荷物の卸回りは、可能である

自社配送の積載量が少ない場合に収益減となっている
- トラックの積載重量を満たさない場合には、空輸送保障を支払っている
- 輸送費は、商品代に含まれるため削減した分、そのまま収益となる
- お客様の輸送業者が受け取りにくる製品もあるが、輸送費は営業外となる

お客様の納期は第一に守る必要があるために輸送効率が悪くなっている
- お客様の納期の1日前には届ける
- 製品は出荷する前日までには作っておくルールである
- 納期最優先である
- 納期に遅れるとお客様の活動に影響を及ぼす
- お客様の数が多いので納期もバラバラである

契約運送業者の効率運用が図れていない
- 運送業者から、車が足りないといわれている
- 日頃慣れていない輸送業者に頼むと製品に瑕疵を入れられ品質保証ができない
- 製品の特性上、中継地で積み替えという手段はとれない
- 運送業者は、空荷で走らせるよりは少々輸送費が安くても積載して走らせたい
- 運送需要が多く、トラックも運転手も不足気味である
- 法律の改定により、運転手の就業時間が厳格化された
- 送り先に返送材があれば、送った車で返送するようにしている

図7.8　輸送費増大

7.2 数値データを扱う手法との組合せ：鉄製品の輸送費削減の活用事例

言語データN数：39　△△年○○月□□日　輸送コスト削減チーム作成

短距離での輸送回数が多くてコスト高となっている
- 長距離は、輸送頻度が少ない
- 短距離輸送は、輸送頻度が多い
- 50km圏内での輸送コストが高くなっている
- 輸送回数が増えると環境に悪影響を与える

お客様は、散らばっているのでお客様単位で輸送している
- お客様は、あらゆるところにいる
- 大口のお客様は、工業団地にいることが多い
- お客様は、北関東、京浜、千葉、静岡と大きく4つのエリアに分けられる

- 出荷をかけるのは、各営業が自分のお客様の納期に合わせてやっている
- G社は突然納期が立つためにその都度少量で輸送しなければない
- 出荷日時ぎりぎりにでき上がる製品もある
- 製品の納期はバラバラである

輸送調整役が不在である
- 運送業者はY運輸とS運送の2社を使っている
- Y運輸とS運送の使用比率は、50：50である
- 輸送全体を調整する人がいない
- 営業は、輸送ルートなどについては、素人なのでよくわからない
- 輸送業者は、いわれたものを届けるだけである

7章　層別図解法の活用例

の原因　層別図解

Step3

　次に、系統図法を使用して、上位目的を「輸送費削減」として、一次目的を「まとめ輸送をする」と設定し、具体的な対策を言語データで検討しました(図7.9)。その結果、具体的な対策としては、納入先のルート上や近くの納入先をグルーピングして、グループ内の納入製品はなるべく同じ車両に積み合わせて同時に運ぶということになりました。

Step4

　そこで、過去の輸送実績データを使用してこの対策が実現可能かどうか、数値データを使用してシミュレーションしてみたところ、輸送効率が向上して輸送費も5%削減できるという結果を得ました。この一連の結果を事業所長に報告し、承認を得て、来月から対策を実行することが決まりました。図7.10が、Y君が起こした行動です。

　このように、数値データと言語データは切っても切れない間柄です。したがって、それぞれのデータを扱う手法(例えば、QC七つ道具と新QC七つ道具など)を組み合わせて活用することで、それぞれの強みが活かされて、弱みもカバーされることになります。それぞれの手法の特性をよく理解して、特性を活かせるような使い方をしていくことが、問題や課題解決にとっての重要なポイントとなります。

7.3　層別図解法の活用事例

　ここでは、層別図解法をさまざまな活動の中で実際に活用した事例について紹介します。

7.3 層別図解法の活用事例

系統図法　輸送コスト減対策案検討　層別図解法結果より　△△年○○月□□日
輸送コスト削減チーム作成

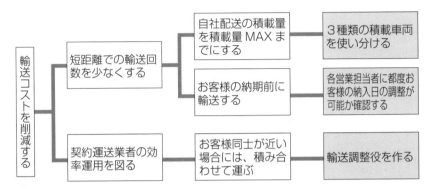

実現性	効果	採否
使い分けるには、調整役が必要であるが、調整役が居れば、充分実現できる。	現状は、まったく営業が個別に提示した製品をある車から紐づけているため、効果大である。	輸送調整役を作ることで調整役にて車両の使い分けも実施する。
お客様もジャストタイムで在庫を抱えない仕事を行っており、サプライチェーンを崩しかねないが、できる範囲での納期調整は可能であると考えるため1品ごとに確認はできる。	まとめて輸送するためには、運ぶパイが多ければまとめやすいので効果的である。	お客様の納期第一は変更なしで、お客様の都合がつく範囲で各営業担当から納入日の前倒し裕度の確認は必要に応じて行うこととする。
要員を確保するために他の業務からの振替えが必要であるが、営業担当者のワークシェアを図ることで調整役を作る可能性はある。	効果大であると考える。他の対策を効果的にするためにも輸送調整役をつくることは重要である。	本対策の本丸と考えて、ワークシェアを進めて、余力を作り、調整役を作ることとする。

図 7.9　輸送費削減の検討　系統図

```
┌─────────────────────────────┐
│ 事業所長                     │
│   経理の数値データを確認      │
│   「毎月輸送費が増えているので削│
│   減対策をとるように」と指示   │
└──────────────┬──────────────┘
               ↓
┌─────────────────────────────┐
│ 輸送担当のY君                │
│ 1. パレート図で分析してみよう │
│    （数値データの活用）       │
│ 2. 他の担当者や前任者の人に聞い│
│    てみよう（言語データの活用）│
└──────┬───────────────┬──────┘
       ↓               ↓
┌──────────────────┐ ┌──────────────────┐
│1. 過去の実績の数値 │ │2. 前任者、他の輸送 │
│ データよりパレート │ │ 担当者を集めてブレ │
│ 分析              │ │ ーン・ストーミング │
│ 数値データで輸送費 │ │ を実施            │
│ のかかっている原因 │ │ 言語データの収集   │
│ を解析            │ │                   │
└────────┬─────────┘ └─────────┬────────┘
         │    特性要因図の主要要因が実証された
         ↓                     ↓
┌──────────────────┐ ┌──────────────────┐
│分析の結果、大きな │ │集めた言語データか │
│車両に荷物を少しし │=│ら層別図解を作成し │
│か積まずに無駄に運 │ │て主要因と特定     │
│んでいることが輸送 │ │「大きな車両に荷物 │
│費を増大させている │ │を少ししか積んで運 │
│原因と判明         │ │んでいない」       │
└──────────────────┘ └─────────┬────────┘
                                ↓
            ┌─────────────────────────┐
            │系統図法を使って具体的な対 │
            │策案を作成（言語データ）   │
            └────────────┬────────────┘
                         ↓
            ┌─────────────────────────┐
            │過去の輸送データを使用して │
            │対策案に沿ったシミュレーシ │
            │ョンを実施（数値データ）   │
            └────────────┬────────────┘
                         ↓
            ┌─────────────────────────┐
            │シミュレーション結果から輸 │
            │送費削減できることが判明   │
            │（数値データ）             │
            └────────────┬────────────┘
                         ↓
            ┌─────────────────────────┐
            │事業所長に今回の対策を言語 │
            │データと数値データを使って │
            │プレゼン                   │
            └────────────┬────────────┘
                         ↓
            ┌─────────────────────────┐
            │事業所長の承認を得て対策実行│
            └─────────────────────────┘
```

図 7.10　輸送費削減活動の流れ

7章 層別図解法の活用例

活用事例①

QCサークル活動のやらされ感を解消し、自律型人財育成につながる活動を探索する!

- ●作成者:猿渡　直樹
- ●言語データ数:53個
- ●作図時間:3時間

事例の紹介

　国内屈指の製造業の小集団改善活動の推進事務局の活用事例です。この事業所のQCサークル活動は、長い歴史があり、それぞれの時代に重要な役割を果たしてきました。特に近年では、全員参加での改善活動の重要性も浸透し、前年までの実績では1サークルあたりの年間テーマ解決件数は目標を過達していました。その一方で、一部の職場からは「やらされ感」などの声も伝わってきていました。

　そこで、推進事務局では「やらされ感」が一部にでもあるとすれば、その構造は何か、本来あるべきQCサークル活動により、会社が目指している自律型人財育成にどうつなげていくか、その方向を探るため、層別図解法で現在の状況を俯瞰することとしました。QCサークルを支援する各部署の担当者から伝えられてきた情報を言語データ化して、推進責任者が層別図解法で分析した活用事例です。

　大表札に至る論議には、何のためにQCサークル活動を進めているのか、家庭サービスを優先したい、などの生々しい率直な現在の職場にある多様な価値観や意見が出されました。「仕事が忙しく、余裕がない」「改善対策を考えても実現できない」などの表札は、結果系の要因として整理されました。つまり、QCサークル活動が自主的、自発的、自律

的な本来あるべき姿として展開するには、仕事の他に余分なQCサークル活動を進める、ということではなく、QCサークル活動で自分たちの仕事をやりやすく改善する、というQCサークル活動の目的や基本を十分に理解してもらうことが重要だ、と改めて確認されました。

この層別図解法による検討の結果、支援者・管理者からサークルリーダー、メンバーまで、全階層に対してQCサークル活動全般の教育が十分とはいえないため、活性化されない主要因は、知識不足によるものであると考えられました。

事例のまとめ・ポイント

QCサークル活動は、なぜこの活動が会社にとっても、また働く一人ひとりにとっても必要なのか、といった基本がおろそかだったり、あいまいなままQCサークル活動自体を進めると、「やらされ感」が生まれ、活動が敬遠される傾向にあります。本事例は、職場の一部から発信されたこうした声に、推進事務局として敏感に反応し、テーマ解決件数過達などの数値データに安心するだけではなく、働きがいのある明るい職場作りへ向けた、本来の活動を構築したいとの熱意と使命から、活動の再構築の方向性を求めた事例です。

層別図解法によって、各年代層の方々の多様な価値観や、悩みや課題が率直に紙面へ表現され、これらの顕在化している結果系やその背景にある要因系の言語データをひも解く中で、推進事務局として次にとるべきアクションが明らかになりました。

具体的なアクションとしては、QCサークル全般の基礎的な教育と普及に力を注ぎ、QCサークル活動の活性化、レベルアップに結びつけていきました。

また、この作図から得られた結論を研修会での演習テーマとするなど、元々の目的から派生して、別の目的にも活用されています。

自社でQCサークル活動が活性化できない要因を探る

大表札：活動が活性化されていない主要因が、支援者・管理者から現場のサークル員

層別Key：「忙しさ」
表札：業務が忙しく時間的な余裕がない
- 通常業務が忙しい
- 残業した後に活動はやれない
- 業務残業が多くて時間がとれない
- 担当業務が優先である
- 安全活動とか6S活動とか他にもやることが多くて改善活動にまで手が回らない
- 過勤務規制がある

層別Key：「対策の実行」
表札：考えたことが
- 対策を考えてもお金が掛かるからということで実行してもらえない
- 対策案 自分の いので わって
- 対策を実行することによる効果を上司に説明するのが面倒くさいので簡単にできることに取り組んでお茶を濁している

中表札：会社として活動の位置付けを明確にしていない部分があるため、現場任せになっており　そのために活性化できていない

層別Key：「活動の位置付け」
表札：会社として活動の位置付けを明確にしていない部分がある。
- 業務として取り組むように指示されない
- 改善したりすることは業務に入っていないと思っている
- 会社自体がTQM的な考えをもっていないのに現場だけでQCサークル活動はできない
- やらなくても怒られない
- 過勤務でQCサークル活動を行うと代休を取らされる

層別Key：「支援者の考え方」
表札：支援者・管理者が従業員のやる気を出させることができていない
- 活動を行ってもやって当たり前のように思われるのでやる気が起こらない
- 活動をやっても成果を褒めてもらえないので楽しくない
- QCサークル活動に取り組んでもアイデアや意見を受け入れてもらえないので面白くない

層別Key：「テーマ」
- 何をテーマにすればわからない
- テーマの見つけ方が
- 問題意識がないため感じない
- 今、会社が何を必要とかが分からない

〔注記〕
何をキーワードに島を作ったかがわかるように、図中に「層別Key」を残しています。

7.3 層別図解法の活用事例

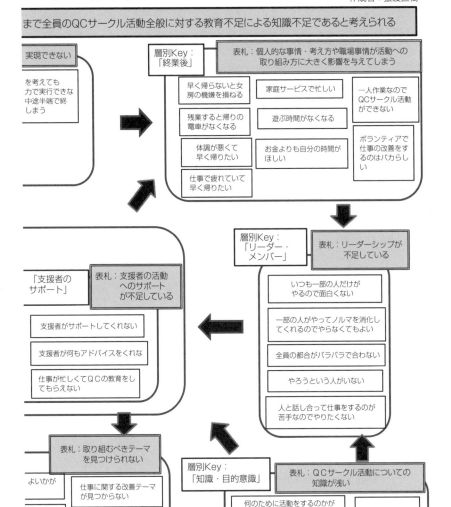

> 活用事例②
> 文書化されていない講演内容をまとめ、わかりやすく要約し、見える化する！

- 作成者：猿渡　直樹
- 言語データ数：68個
- 作図時間：2時間

事例の紹介

　本事例は、日本科学技術連盟主催の営業職向けセミナー「簡単マスター！営業シナリオ作成術セミナー」での講演内容を資料化してまとめたものです。

　講演者である高浦武男氏(千葉日産自動車㈱　木更津長須賀店　営業シニアマネージャー)は、日産自動車の全国一と評価されたトップセールスマンです。この講演では、レジュメや原稿もなしに、生々しい体験談が会場の営業関係の受講者の反応に即応して率直に述べられました。本事例は、圧倒的な実績に裏付けられた豊富な営業ノウハウをまとめ、その膨大な情報量の中から、その成功を支えたエッセンスを抜き出したものです。講演内容を層別図解法で見える化することで、その要旨がひしひしと伝わってきます。カーディーラーのトップセールスマンが人生をかけて築き上げてきた実績の背景や土台を包み隠さず語る、という他に類例を求めにくい貴重な講演内容を、一つの知的資産として記録しておきたい、という場面で層別図解法が活用された事例です。

　また、営業職を経験したことのない異業種の方にも、あらゆる仕事に共通する「珠玉の名言集」として伝わってきます。例えば、営業とは商品力や価格が絶対的な要件とよく考えがちですが、それだけではなくお

客様の抱えている問題や課題に素早く対応する営業力がいかに重要か、営業の本質的な構造がこの層別図解では明らかに示されています。あるいは、質の高い、お客様に評価されるよい仕事をするための土台として、その仕事に携わっていることに対する感謝の気持ちの重要性を、改めて広く知らせてくれています。

> 事例のまとめ・ポイント

　講演や講話、トップ談話など、文書化されていないものに遭遇する機会が多々あります。

　このような場合、メモを取ったりして記録し、その後、会社への報告書、部下の教育用資料などとするために文書化しますが、層別図解法は、このような場面でも大きな力を発揮します。

　この層別図解は、法人営業やルート販売と異なり、純粋な個人顧客を対象とした自動車のトップセールスマンの営業マン魂や生活信条などがありのまま述べられたものですが、営業スタイルや業種が異なる分野の方々にも貴重な"知見集"となります。

　また、この層別図解は、本セミナー受講者へのフォローアップ資料として、作成者が講師を務める営業向けセミナーの企画立案の参考資料や、研修会の企画に向けた素材として活用されています。

特別講演：伝説のトップ営業マンから学ぶ成功のセオリー

(日科技連主催「簡単マスター！営業シナリオ作成術セミナー」より)
講演者：千葉日産自動車㈱　木更津長須賀店　営業シニアマネージャー　高浦 武男氏
作成日：2013年10月8日　　作成者：猿渡直樹

表札：1番と2番はえらい違いである。日本で1番高い山は知っていても2番目は知らない人が多い

- 日産セールスマンの中でのTOPセールスである
- 個人向け販売のみで9000台以上を売ってきた
- 自動車セールスマンの月 当たり販売台数は、アメリカ4台／月　日本3台／月

表札：「ありがとう」で仲間やお客様を大切にすること

- お客様を大切にするということを心がけている
- 偉くなると部下に「ありがとう」をいえなくなる人がいるが、いつでも「ありがとう」という言葉がいえるようにすること
- 何かをやる方もやってもらう方が一日気持ちよく過ごせるように気持ちよくやってやること
- 気持ちよくやってくれる人にはとことんお礼をする
- 相手がよいことをしてくれたら、「ありがとう」とすぐにほめてやること
- お客様のところから帰るとき、背中で「ありがとう」の気持ちを見せるようにしている

表札：多様なお客様の性格や個別の事情に即応して好感度を高めている

- お客さんと慣れてきたら、お客さんの隣に座るようにしている。正面には座らない
- お客様と会える時間をつぶさない
- お客様に対しては小さなことの気遣いが大切である
- お年寄りには、心臓とは反対の左側で声がよく聞こえるように耳のそばで話をする
- 女性には、手に触れたりしないように注意をしながら対応をする
- いろいろな人がいるので攻めにはストレートの時もフックの時もスライスのときもある
- 日産のトップセールスの2番目の人は、GTRに乗っている高浦はキューブである。
- 時代が変わっても人への対応は変わらない
- やっていることは、すべて基本的な当たり前の事、それを43年間継続してやってきた
- コツコツとやることが大切である。まさにウサギと亀である
- 小さなことこそ早くやってあげること。大きなことは誰でもすぐや期待していないかもしれない、それを一生懸命やるとお客様は必ず

〔注記〕
この事例は、講演録のまとめとして活用されたため、大表札・中表札はありません。

表札：自分の意識をどこに持って行くか。時間、行動、台数からお客様から目を離さないことへ自分の意識をもっていく。

- そこそこ上にあがったらそこで息を抜いて枯れてしまう人が多い
- 継続することが大切である
- 人に見えないところでどれだけ一生懸命やるかが大切
- 後ろ向きな発想は駄目である。どんどん前向きにやること
- みんなには仕事をやっている素振りを見せない
- 上に行きたいと思う人は一生懸命にやる
- その道では、上には上
- 営業所は18時30分に出る
- 競争相手が売っているから俺
- 人の話を聞くときには、何か盗んでや
- 人はリラックスしていないと、頭に入らない、

表札：自分のことばかりを考えるのではなく、相手（お客様や部下）のために何ができるかを考えるようにしている。

- 営業に向いていないような人が配属されてきたら、まず頭髪や服装が身ぎれいにしているかチェックする。そして褒めまくる。相談に乗る。契約を決めてきたら抱き合って喜ぶ。自信を付けさせてやる
- 売れないからといって攻撃的になっていじめたりしては駄目である
- 言い訳をする人、前向きでない人は、自分に合うお客様にしか売れない

表札：トラブルからよ…ので、トラブル…

- なるべくトラブルは自分…上司を連れて行かず、サ…
- トラブル対応は営業…

7.3 層別図解法の活用事例

(N数 =68件) ※「N」=意見の数

表札：売るためには価格や商品力だけに頼らない営業力をもつことが一番大切だ

- 気を緩めると売れなくなる
- 米国でベストセラーになった商品1000点を対象に「なぜ売れたか」「何が効果的であったのか」ということを徹底的に分析した結果。営業力が41%、商品力が25%、価格力が19%の順であった
- 最近では、インターネットで車を買う人もいるが、高浦から買えばお客様は安心して車に乗れる
- 営業力のひとつとして何かあったら対応してあげる
- 自社の製品が他社に比べて劣っているときこそ、営業力でやる。だから営業力を身につけることが大事である
- これまでの40年間を振り返ってみると5年事位に売り上げ記録を作っている
- 常に自分を売り込むことを意識すること

- 自分にとっては大したことではなく小さなことでも、お客様にとっては大変なことであるかもしれない。そのときに営業マンがどう対応するかが大きなポイントである
- 自分も何かを買うときには、気分が良い営業マンから買いたい
- 相手のことを思って行動をする。そうすると相手の懐に入れる
- る。小さなことはお客様もあまり心に残してくれる

- 自分をいつも上へ上へ追い込んで行くこと
- がいるんだということを理解して欲しい
- たくさん売るということに常に意識を向けている
- が、その後2時間程お客様の所を回ってから家に帰る
- も頑張ろうじゃなく、自分との戦いである
- ろうという気持ちが大事である
- 残らない。だから話を面白いと思って聞いてほしい

- い話になることもあるからは逃げない
- で解決する。トラブル時には、ービスを連れて行く
- マンの努力次第

表札：スケジュールノートを活用し、時間を大切にすることが 勝ち残ることにつながる

- 肌身離さずノートを持ち歩いている
- 明日やることを忘れないためにスケジュールをノートに取っている
- 明日の予定をノートを見ながらどうやったら能率的に動けるのかを考えて仕事をする
- ノートに書いてあるその日の予定をすべて片付けて帰宅する
- その日に終わらない予定は、次の日の予定に追加記入する
- 営業所の開店は、9時30分からであるが、納車は8時からにして貰うようにしている
- 1日を大切にし、1週間を大切にし、1カ月を大切にし、一年を大切にすること。そうすることが「ブレない」ということになる。
- いつもプレッシャーと戦うこと。スケジュールノートによりそういう状況を作り出している
- 道が間違っていても人は直してくれないので自分で直すこと。そのために過去のスケジュールノートを見直したりして活用している
- スケジュールを明確にして自分を追い込んで行くことで車のセールスという同じことを40年間継続できている
- 行き詰った時など昔のスケジュールノートを見ているとストーリーが見えてくる
- 日産のトップセールスの2番目の人は、ノートを持たず、頭でスケジュール管理をしている
- 日産の研修会では、普通の人は頭だけでスケジュール管理はできないのでスケジュールノートを取るようにいっている
- 休みの日に出社する予定があれば、そのまま1日仕事をしてしまう
- 過去の注文書契約書のコピーもすべて保管して振り返ってみている
- 休みの日も仕事の日も1日を思い切りやって過ごす
- スケジュールノートには、気にいった名言を記入しておき、必要に応じて読んで心の支えとしている
- 休みの日はのんびりする

表札：新機能・オプションの登場など時代の変化に対応するために、販売活動の中で勉強するようにしている

- ナビゲーションなどの最新の機器の説明が苦手である
- 田舎でセールスをしている環境から、時代の変化に対してやることはあまり変わらないが、電機部品などのオプションもたくさん増えて車の値引きに加えてオプション品の値引きも必要となってきた
- 新車が出たら、本店で新車説明会があるが、行かない、車の使い方はお客さんに売る活動の中で一緒に勉強する

7章 層別図解法の活用例

> **活用事例③**
>
> 多種多様な意見をスピーディーにまとめ、実効性の高い年度方針を策定する！

- ●作成者：秋葉、東、井上、近藤、猿渡、澤、富沢、東村、船越、藤田、山本
- ●言語データ数：77個
- ●作図時間：2時間

事例の紹介

　都道府県別に組織された各QCサークル地区の年度方針は、QCサークル本部方針、支部方針を踏まえて編成されます。本事例は、QCサークル千葉地区が2015年度の年度方針を策定するに当たって、層別図解法を活用したものです。

　従来、地区幹事が全員揃って検討する年度方針策定会議は、その重要性に比した十分な討議時間が得られないまま、行われてきました。そのため、前年を踏襲した年度方針を策定せざるを得ませんでした。そこで、QCサークル千葉地区では、前年度の反省など各幹事からの意見を集約し、それを踏まえた年度方針の策定までをスピーディーに行う必要性から、層別図解法を活用することにしました。

事例のまとめ・ポイント

　層別図解法を活用することで、幹事からの多種多様な意見・項目をスピーディーにまとめることに成功しています。その結果、前年度の反省を活かすことができたため、「安易な前年踏襲」を打破することができ、全員の腑に落ちる形で次年度方針が固まりました。

> 年度大方針（大表札）

- QCサークル千葉地区としてのあるべき姿の追求する
- ベストプラクティスに学びこれをキャッチアップする
- お互いを尊重し合いながら、話し合いを深めて地区の責務を追求していく
- 自らリスクテイクする自律型人財の育成を図る

　なお、具体的には、年間の各行事における参加者数について、各幹事会社別に参加見込み数を年度初めに把握し、計画と実績の乖離を少なくすることにつなげた、地区のメンバーが次年度に向けて何をなすべきかという個人課題も明確にすることができた、などが成果として報告されています。その結果、地区主催のセミナーや発表大会などの行事参加者数は前年を上回り、新規セミナーの企画や財政の健全化などを含めて、地区活動全体の活性化に結びつけた事例です。

「QCサークル千葉地区　2015年度　地区方針検討会のまとめ」
作成年月日：2014年12月12日

作成者：リーダー：猿渡幹事(作成)
　　　　メンバー：山本地区長、井上世話人、近藤副世話人、秋葉幹事長、東村副幹事長、澤幹事、
　　　　　　　　　船越幹事、東幹事、富沢幹事、藤田幹事

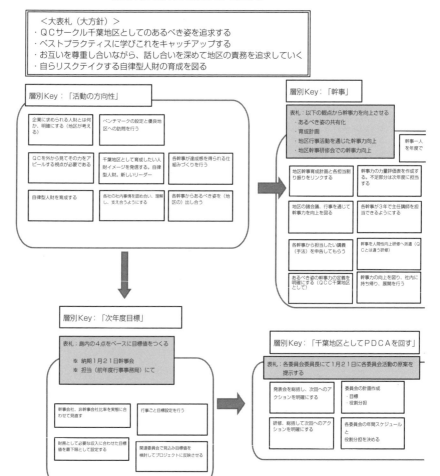

7.3 層別図解法の活用事例　121

〔注記〕
・この事例には表札のない島もあります。
・この事例は、各島を中表札で無理にまとめず、各島の言語データや表札から大表札（この事例における「大方針」）をまとめています。
・関係性探索では、「Aの島」⇒「Bの島」というように矢線が引かれていたとすると、「『A』の実施（達成）のためには『B』が必要」という観点で矢線を引いています。
・一部省略しています。

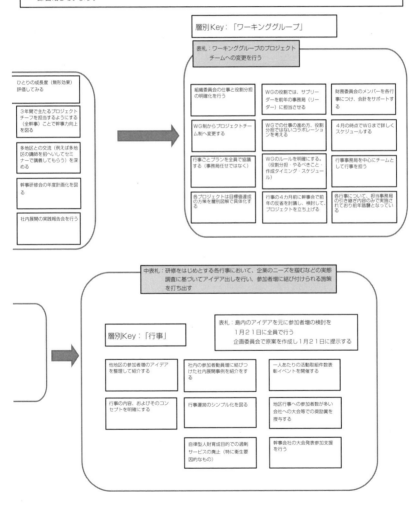

7章　層別図解法の活用例

活用事例④

改善活動の現状分析から将来のありたい姿を描き、顧客に評価される改善活動を目指す！

- 作成者：Ａ社　改善事務局
- 言語データ数：49個
- 作図時間：90分

事例の紹介

　ある機械メーカーの改善事務局が思い描く「現在の状況から考えた、将来における『自社と改善活動のありたい姿』」を層別図解法でまとめた事例です。

　なかなか解決しにくい、あるいは打開しにくい課題に直面する日々の中で、ともするとモチベーションが低下しがちな改善事務局のメンバーに「抱えている問題」を吐き出してもらい、さらには、活動の「原点」を見つめ直してもらったものを、層別図解法でまとめた事例です。

　この結果、改善事務局の思い描く姿として、「問題解決能力と自主性の高い従業員が自発的に改善活動を行うことで助け合う職場が作られ、その結果として、Ｑ(品質)・Ｃ(コスト)・Ｄ(納期)が向上し、顧客に評価される活動となる」という結論が得られました。Ａ社では、絵に描いた餅とすることなく、これを具現化するための活動が行われています。

事例のまとめ・ポイント

　この事例は、「できる・できない」という「実現性」には目を向けず、「バラ色の未来」だけを頭に描いたことに特徴があります。実現の可能

性ばかり考えると、画期的な意見が出にくくなり、現状を打破することが困難になります。実現の可能性をゼロベース化することで、革新的なアイデアを創出していくのです。

改善事務局のメンバー全員で島分け、表札作りを行ったことで、それぞれが忘れかけていた熱い想い(初心)を思い出し、それをメンバー全員で共有することで、モチベーションの向上につながりました。すなわち、無形効果も生み出したのです。

また、この層別図解法を有形効果に結びつけるために、A社で行っている生産革新活動とQCサークル活動をどう融合させ、どう推進させていくかという、具体的な方策(生産革新活動のブレイクダウンテーマをQCサークルの活動テーマの一つとするなど)に活用しています。

<改善事務局の思い描く「現在の状況から考えた、将来における『自社と改善活動のありたい姿』」層別図解法まとめ>

作成者：A社
作成年月日：

〔中表札〕
問題解決に対する能力と改善意欲にあふれた社員が多い

層別Key：「従業員の能力・スキル」

〔表札〕問題解決力が高い社員が多い！

- 「問題を課題として捉えられる」人財がたくさんいる
- 問題解決or課題達成のためになすべきことがわかっている人がたくさんいる
- 現場において班長・係長候補となる人財がたくさんいる
- 「難しいことをシンプルに」考えられる人財が増えている！
- 業務の優先順位をしっかり付けること

- プロジェクトリーダーを担える人財が豊富にいる
- N7（新QC七つ道具）が活動の中でよく使われる
- QC的ものの考え（QCストーリー）を皆理解し、活動や担当業務に生かせている
- 欠品・材料不良にも発生したその場で捉まえて対策を打てる

層別Key：「従業員の意欲」

- 事務局が尻を叩か〔ずに〕活動が自律的に動〔く〕
- 不良が自発的に改善〔される〕
- 改善活動の「やら〔され感が〕ない」
- その場しのぎではなく問題の本質を改善〔する〕
- 各職場が自主的〔に〕

層別Key：「助け合い」

〔表札〕各職場がお互いに助けあい、伸ばし合う雰囲気に満ちあふれている

- 困ったときに助け合うという雰囲気に満ちている
- 支援者同士の意識が統一され、ガッチリスクラムが組まれている
- 工場の皆で共通のターゲット（不良上位、ロス上位）を持って活動する
- 「人のよいところを見て、そこを伸ばす」という雰囲気に満ちている

層別Key：「顧客評価」

- 全日本QCサークル選抜大会に自社のQCサークルが出場する！
- 自社の生産革新活動とQCサークル活動の進め方が、業界のお手本的な改革・改善手法として世間的に認知される
- 自社のQCサークル活動の仕組みや進め方が他工場の活性化ヒントとなる

〔表札〕生産革新〔活動が〕評価され〔る〕

- 自工場で編〔成した活〕動の手法を〔…〕
- 他社（メーカー）〔と〕の交流を図る〔こ〕と「競争意識」〔…〕
- 顧客が工〔場を見て〕納得する

層別Key：「事務局体制」

〔表札〕事務局体制が人員を含め充実している！

- 事務局体制が十二分に充実している（推進員の仕組みなど）
- 事務局メンバーの後継者作り

層別Key：「手段」

- ベンダーを固定し、安定供給体制を作る
- 標準部品・標準工程を増やす

ありたい〔姿の〕具体〔策〕

- 第1〔…を〕増や〔す〕〔…〕の山〔…〕
- 製品〔…〕

7.3 層別図解法の活用事例

改善事務局
2015年4月27日

〔注記〕
・何をキーワードに島を作ったかがわかるように図中に「層別Key」を残しています。
・この事例は5人で作図しています。氏名やリーダーなどの役割は省略しています。

〔表札〕
自発的に改善するメンバーが多い！
（意欲の高いメンバーがたくさんいる）

≪大表札「活動のありたい姿」≫
「問題解決能力と自主性の高い従業員が自発的に改善をすることで、助け合う職場が作られ、そしてその結果Q（品質）・C（原価・コスト）・D（納期）が向上し、顧客に評価される活動となる！」

なくてもいていく

管理項目や管理の手間が少なくても仕事がうまく回る

されている

QCサークルの活動時間が来るのが楽しみで仕方ない、という社員がたくさんいる

層別Key：
「見える化」

〔表札〕
生産革新活動とQCサークル活動共に、活動の進捗が見える活動になっている！

され感」が

内・外の発表会・研修会への参加者がたくさんいる

活動の進捗が、誰の目にも手の取ってわかるくら活動が「見える化」されている

効果が実感できる成果指標を示せている

なくできる

工場全体の意識が変革されている

定量化ができている

に進める

工場全体が指標を常に気にしながら上げていく

生産革新活動＆QCサークル活動の成果によって、工場の利益に貢献していることが目に見える形でわかる

毎月、活動進捗をチェックをできる

活動とQCサークル活動が、顧客にもる活動となる！

み出した生産革新活他工場へ紹介したい

営業の納期に応える短LT対応を実現する

層別Key：
「生産革新活動＆QCサークル活動の連携」

〔表札〕
生産革新活動とQCサークル活動の各事務局が連携をとるために、「融合」をキーワードに、具体的な連携方法（テーマのつながり、合同発表会など）を詰める必要がある

一）の推進事務局とことで「助け合い」」を醸成していく

「計画どおりにモノができる」工場になっている

事務局同士の定期的ミーティングを実施する

場見学に来て喜び、

協力して教育を実施する

生産革新活動の施策とQCサークル活動のテーマがつながっている

〔表札〕
たい姿達成のために、現状で思い付く的な手段がいくつかある

生産革新活動とQCサークル活動の連携がうまくいっている

四半期・第2四半期の受注をし、第3四半期・第4四半期を崩す

工程内改善はQCサークル活動で、工程間（つなぎの部分）は生産革新活動で行う

開発時に標準化を実施する

生産革新活動とQCサークル活動合同で発表会を行う

事務局から活動テーマを与える

7章 層別図解法の活用例

活用事例⑤

他社からのアンケート結果の解析により、QCサークル活動のステップアップを目指す！

●作成者：B社工場見学受け入れ担当者
●言語データ数：50個
●作図時間：2時間

事例の紹介

　わが国におけるQCサークル活動の普及・拡大に、QCサークル本部、支部、地区が主催する「事業所見学交流会」が大きな役割を担ってきました。事業所を見学して異なる会社同士が交流することで、参加した側、受け入れた側ともに、相互啓発、自己啓発ができる貴重な場として、効果的に活用されています。

　本事例は、この「事業所見学交流会」の受け入れ先となったB社の工場見学受け入れ担当者が、参加者から寄せられたアンケート結果、すなわち、社外からの参加者の目を通して得られた自社にとって貴重な情報を層別図解法でまとめたものです。

　層別図解法でまとめた結果を元にいただいた意見について考察してみたところ、B社の社内関係者だけでは気が付かないことについて記載されていました。例えば、工場内において「一作業・一片づけがところどころできていない」という作業に関する意見や、「創業精神が連綿と受け継がれていることに感銘を受けた」という社風についての意見など、普段、社内では当たり前の風景になってしまっている部分について、その価値や意味を改めて認識させてくれる言語データがちりばめられていました。

B社では、5つの表札で示した「まとめ」は、すべて重要な情報として真摯に受け止め、改めて自社のQCサークル活動や品質管理活動全般の見直しに活用しています。

> 事例のまとめ・ポイント

QCサークル活動に限ったことではありませんが、実際に自社を見学してもらって、他社の方から意見をいただくケースは多くはありません。そのため、とかく「井の中の蛙」になりがちです。また、多かれ少なかれ、自分たちが行っていることは常に正しいという先入観もあります。

本事例は、実際に自社を見学してもらった事業所見学交流会の参加者の意見を次のステップへ進むための貴重な参考意見として受け入れ、「自らを映し出す鏡」として活用し、QCサークル活動や品質管理活動全般のステップアップを実現したものです。

B社では、これらの意見を取り上げてステップアップのために活用しています。一例を挙げると、社内発表会の際には他部門にも専門用語がわかるように、とにかく噛み砕いた解説を徹底するようにしました。

＜事業所見学交流会　参加者アンケート結果（自由記述部）層別図解によ

層別Key：
「参考になった改善活動の進め方」

- 系統図を全工場的に活用し、戦略的にテーマ選定している点
- トップダウン（生産革新）とＱＣサークル活動（ボトムアップ）を融合させ、両方のよさを取り入れようとしている点
- 週1回、決まった時間を活動時間に充てている点
- 1サークルに1人、管理職を「支援者」として置いている点

〔表札〕
会社全体でQCサークル活動を推進しようとしている。

- 業務と関連性の深い「ブロック」単位での活動進捗報告の仕組み
- 現場・事務所共にＱＣサークル活動に取り組んでいる点
- ラベル会議を積極的に取り入れている点

層別Key：
「5S、作業スペース」

- 職場は比較的整理5Sは出来ている
- 工具も整然と並べ
- 置き場（特に部置き場）はあまてていないと感じ
- 通路床面のメン若干不足してい
- 部品置き場が平面積を有効に使うた場も検討されては

層別Key：
「B社の改善事例発表に対する提案・提言」

- ＱＣサークル活動での目標の設定「何を・どれだけ・いつまでに」をもっと明確にした方がよい
- 1サイクル6カ月は長い気がする。ダラダラしてしまわないか
- 弊社では、改善活動して「5Sコンテスト施している。かなりるので参考にしてほ

層別Key：「安全」

- クレーンの吊り荷の下や吊り荷そばでの作業が見受けられ、危険
- 身だしなみ、ヘルメット着用は徹底されているようだ
- 半袖の作業はよいのだろうか
- 回転体への巻き込まれ防止策はあったほうがよい
- 切削・研磨作業では保護具着用を徹底したほうがよい
- 安全通路と作業床の塗りわけはできていた
- 一つひとつの行動・作業に無理は見られなかった
- 仮設足場での安全帯を掛ける場所が見当たらなかった

〔表札〕
よい評価もあったが、全般的に安全に対する意識が高いとはいえない

- 歩車分離をもっと明確にしたほうがよい（フォーク、クレーン）
- 作業時の合図・応答など、安全確認動作があまり見受けられなかった

- 安全面に配慮がされ、安心して働ける職場だと思う
- 工場が新しいせいか、安全や作業のルールがまだ確立されていないと感じた
- 各職場にあったKYボードが目に見えるところに配置されていたのはよかった

層別Key：
「その他」

- 創業の精神が連綿と受けいることに感銘を受け会社は、世間になかな思う）
- 社員の皆さんの表情が

7.3 層別図解法の活用事例

＜るまとめ＞　　　作成年月日：2014年9月17日
　　　　　　　　　作成者：QC千葉地区幹事（B社・工場見学受け入れ担当者）

〔表札（まとめ）〕
工具類は整理されているが、部品や仕掛品が乱雑で、改善の余地あり

層別Key：「工場見学」

〔表札〕
工場案内全般では大変満足したが、説明用エリアの設置やルート統一は今後の課題

- されており、
- 「一作業・一片付け」が所々できていない
- 工場がキレイでビックリした
- 掲示物や展示物も見やすくてよい
- られていた
- パレット・台車の置き場の表示をすればもっとよくなる
- 案内人の説明が丁寧でわかりやすかった
- 品や仕掛品り整理された
- 足回りのスペースをもっと取ったほうがよい
- 案内人が安全に配慮してくれた
- 見学ルートは統一した方がよい
- テナンスがる
- 見える化、見せる化はできているように感じられた
- 作業者の人も明るく挨拶してくれた
- 的である。面め、立体置きどうか
- 作業場の区分がハッキリしていて参考になった
- 説明は、安全通路上ではなく説明用エリアを設けたほうがより安全だ

〔表札〕
活動全体を次のステップに進めるためには、仕組みやテクニカルな面で工夫・改善すべき点がある

- 一つのテーマの中に二つの要素（「標準化」と「効率化」など）が混在しているため、その場合テーマを分けた方がよい
- 異業種の人にも理解してもらうために、改善事例の発表時の専門用語には詳しい説明があるとよい
- 発表された改善事例は、千葉地区の大会に出場できるレベルだ
- 事例発表の際には、「苦労した点」「工夫した点」など、人間らしい部分も入れると、聞いている人の興味をより惹きつけることができるはず
- の一環と」を実盛り上がしい
- サークル員のモチベーションアップのため、発表会受賞サークルへの賞金をアップしてもよいのでは？
- 活動には、現場を良く知っている人間をもっと巻き込むべき

〔注記〕
・この事例は、参加者のアンケートの自由記述部を集約したもので、1つのテーマに絞って意見集約をしていないため、島同士の関係性探索はしておりません。
・この事例には大表札・中表札はありません。
・何をキーワードに島を作ったのかがわかるように図中に「層別Key」を残しています。

- け継がれてた（そういうかないと
- 生産革新活動で、工程の「流れ」を作ろうとしているのがよく伝わってきた
- よかった
- 生産革新活動・小集団活動ともに、「品質」よりもどちらかというと「納期」を優先した取り組み姿勢が感じられた

7章 層別図解法の活用例

第8章

層別図解法と親和図法との相違

層別図解法を見たときに、どこかで見たことがある図だと思われた方がいると思いますが、おそらくそれは、新QC七つ道具の「親和図法」です。すでに述べてきたとおり、層別図解法は親和図法から派生した図法です。したがって、親和図法と層別図解法は兄弟図法ともいえます。本章では、よく似てはいても、気が長い兄である親和図法と、ちょっと短気ですが、すぐに行動が起こせる弟である層別図解法の相違点について解説します。ただ、前提として認識しておきたいことは、親和図法も層別図解法も、それぞれ手法として優れた機能をもっているということです。特に親和図法は、一般に作図に時間を要しますが、しっかり時間をかけてでも求めたい重要なテーマに対して、核心に迫る解を求められると期待できます。そして、言語データカードを親和性や情念といった右脳の機能を引き出して寄せる思考過程は、非日常的な体験となります。

　このように、この2つの手法は、包丁に例えると、素早く切るためのものとじっくり切るためのもの、というように、どちらがよくてどちらが劣る、というものではありません。他のQC手法と同じように、問題の種類やテーマ、使用場面によって適切に使い分けていきたいものです。

8.1　活用場面の違いは「ない」

　以下は、親和図法と層別図解法に共通する活用場面です。
- 言語データから問題の構造を探る
- 事実検証の糸口を求める
- あるべき姿や進むべき方向・指針を求める
- 作図者間で共通認識を育む

現在起こっている問題や将来へ向けての課題について、ああでもな

い、こうでもないとさまざまな言語情報が飛び交い、一向に出口が見えてこない打合せや会議は、どこの組織にも見られます。忙しい中、貴重な時間を割いて、長い時間をかけて議論したにもかかわらず、事実検証の糸口さえ見つからずに終わってしまい、あげくの果てには、「いい方は違うが思いは同じ」などと、その場を円満に済ませるための結論を出して、その後も一向に進展しない。このようなことは、みなさんも身に覚えがあるのかもしれません。

　また、トップが思いを口にしただけで、経営方針や成長戦略が明確にされず、その時々で言葉もぶれるようでは、社員が右往左往することになりかねません。もし、そのような社長の言葉を受けて経営幹部が会社方針を作成したとしても、トップの真意が正しく反映されているかどうか疑問です。また、それを受けた中間管理職も、さらにその下の職階でも、何ら具体的な手立てを打てないということになっては大変です。これでは、会社方針は見事に絵に描いた餅となってしまいます。

　こうしたことが実際に会社で発生しないようにすることが、科学的な手法の機能のひとつでしょう。1987年に、新QC七つ道具のひとつとして親和図法が世に出てきたときは、PDCA[注]の、特にPlanの部分を充実するための手法という位置付けでした。方針管理における計画作成でいえば、組織の各セグメント層で実行可能な方策を具体化する手法という位置付けです。層別図解法もその点は変わりなく、親和図法と同じような目的で使えます。

　私たちは、日常生活からさまざまなビジネスシーンまで、あらゆる場面で「ことば」に出会います。その中から、「ことば」を受け取った人自身が自分にとって必要な「ことば」を選び、それを整理して、次の考え方や行動へ結びつけることになります。単純な日常会話は問題ないで

注）　PDCA（Plan：計画 − Do：実行 − Check：確認 − Act：処置）の略。管理のサークルと呼ばれる。

しょうが、先の見えない複雑な話し合いで出てきた「ことば」を自分なりに整理するときに、「ことば」を「言語データ」として層別図解法でまとめることで、ものごとの真理が見えてくるようになるため、非常に効果的です。もちろん、セルフトークを整理するときにも使えます。

このように、層別図解法は日常生活の中のあらゆる場面で活用できる手法です。なぜなら、層別図解法には作成スピードが速いという利点が

表8.1 層別図解法と親

相違点がある手順	層別図解法	
	内　容	難易度
言語データカードの組合せ（島作り）の進め方	どれか1つの言語データカードをピックアップして言語データに含まれる単語（層別Key）が含まれる他の言語データカードを集める。枚数制限はない	同じ単語が含まれている言語データカードを集めるため非常に短時間でできる
島替え	層別Keyで集まったカードの意味を読み取り、他の島にあることが適切と思われる言語データカードであればそのカードの島替え（島移動）を行う	言語データ化、層別時に各言語データを読み込んでおくことで島替えが必要と思われるカードにはきらりと光るものを自然と感じ取れるので早くできる
組み合わせた言語データを代表する表札作り	集まった言語データカードの意味を読み取り、少し抽象度を高めながら過不足なく言い換えて表札を作り集まった言語データカードを代表した表札として表記する	知識があるテーマについては簡単にできるが、言語データカード群を俯瞰する必要があり、カードの数が多いとむずかしい
作図のアウトプット	各島の表札を読み取り各島を統合してさらに統合した島の表札を作ったり、各島間の関係性を矢印で図示することで作図目的に照らした結論を得ることができる。島替え手順に十分な時間をかけることができるなら、親和図法により近いアウトプットが可能となる	必要に応じて図解を構成している元の言語データカードを総覧できるのでアウトプット時の振り返りや図解目的の確認ができるので大きく外れることがなく、グループで作図するときにもお互いのコンセンサスを得やすい

出典）山本泰彦：「ここが違う！層別図解法と親和図法」、『QCサークル千葉地区幹事研

あるからです。つまり、実用的な手法といえます。

8.2 作成手順の違いが生む作成時間の違い

層別図解法には、親和図法と比べて作成時間が短いという長所があります。それは、作成手順の違いからくるものです。表 8.1 に、作成手順

和図法の作成手順の違い

親和図法	
内　　容	難易度
どれか 1 つの言語データカードをピックアップしてもっとも親和性（近しい内容を述べている）があると思われるカードを集める。カードは 2 枚を組み合わせ、最大でも 4 枚以下になるようにする	長時間を要する
集まった言語データカードは代表札に入れ替わるため島替えの概念はない	島替えの概念はない
親和性で寄せられた言語データカードの意味を読み取り、少し抽象度を高めながら過不足なく言い換えて表札を作り、その表札が寄せられたカードを吸収して代表札となり他のカードと寄せるときの対象カードとなる	数が少なく、近しい関係にある言語データカードの代表札作りであるため比較的容易にできる
親和性で寄せられた言語データカードからは、感性に照らした洞察や思考が求められるため、当初集められた言語データにない本質的な問題の掘り起こしや新たな視点での発想や着眼に出会うことが可能である	感性には個人差があるのでグループで作図するときには、特にお互いのコンセンサスを取ることが重要となる

修会テキスト』に加筆・修正した。

の相違点を示します。

8.3 層別図解法と親和図法でのアウトプットの違い

　前述のとおり、層別図解法は親和図法の弟分ですが、兄との違いは、その作図スピードです。しかし、早いのはいいけどその質は？　という疑問が当然湧きます。

　結論から先に述べると、同一のテーマに対して、アウトプットが大きく異なることはありません。ただし、同じ人や同じグループが作図したアウトプットであることが前提となります。当然と言えば当然ですが、層別図解法も親和図法も、同じテーマに対して異なる人や異なるグループが作図すると、違ったアウトプットになります。なぜなら、層別図解法、親和図法に限らず、一般的に図解法で得られる解は、ひとつではないからです。解は、図解を行う人やそのグループの知見や価値観に大きく左右されるものなのです。TQM（総合的品質管理）の重要な柱に方針管理がありますが、その目的のひとつに、「会社の価値観と現場第一線の従業員が持つ価値観を同一にすることで、間違った仕事をしないようにする」ことがあります。それほど価値観は、われわれの行動や考え方に大きな影響を及ぼすものです。

　そこで、ある言語データに対して、①親和図法を使って異なる価値観により出したアウトプットの違いと、②層別図解法で層別Keyのみでのアウトプットと、島替えを行って出したアウトプットの違いについて見ていきます。

　図8.1は、あまり知識と経験がないテーマや若い方に親和図を作ってもらったものです。単なる分類結果に近いアウトプットが出てきます。しかし、テーマについての知識、経験も十分あるような方に作ってもらうと、図8.2のように、「地球上にある環境を上手に利用して生きてい

8.3 層別図解法と親和図法でのアウトプットの違い

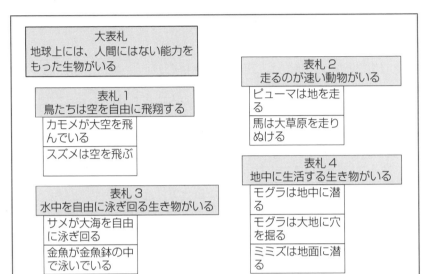

図 8.1　親和図法　価値観 1

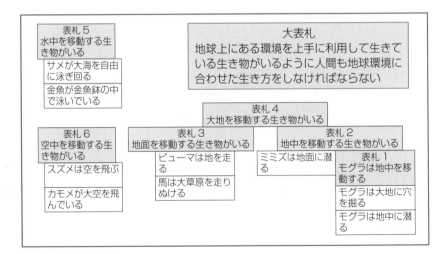

図 8.2　親和図法　価値観 2

る生き物がいるように人間も地球環境に合わせた生き方をしなければならない」という、当初の言語データカードにはない深みのある解を得ています。この違いこそが、図解法における異なった価値観によるアウトプットの違いということです。

次に、層別図解法を使って層別 Key のみで表札作りを行った結果が図 8.3 です。得られた解は、「自然には色々な生き物がいる」というもので、親和図法では、知識も経験もない人たちの解です(図 8.1)。「地球上には人間にはない能力を持った生物がいる」と、さほど変わりないものとなりました。図 8.1 と同様、単なる分類に近い解です。

最後は、同じ言語データカードを使って島替えまで行った層別図解法でアウトプットしたものです(図 8.4)。「人も自然のありがたさを認識して自然に逆らわずに自然に適応した生き方をしなければならない」という解が得られました。ここで注目していただきたい点は、以下の 2 つです。

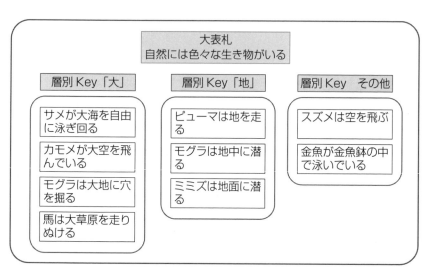

図 8.3　層別図解法 1(層別のみ)

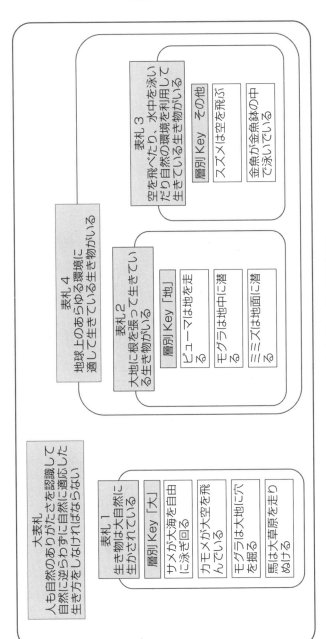

図 8.4 層別図解法 2（鳥替え実施）

1つ目は、同じ言語データカードを使って島替えを行った層別図解法と親和図法で得られた解は、

- 「地球上にある環境を上手く利用して生きている生き物がいるように人間も地球環境に合わせた生き方をしなければならない」……図8.2
- 「人も自然のありがたさを認識して自然に逆らわずに自然に適応した生き方をしなければならない」……図8.4

いずれも元の言語データカードにはない、深みのある解となっています。

2つ目は、島替えを行わなかった層別図解法では、親和図法で知識経験が浅い人に見られる解に近い解しか得られなかったということです。

- 「地球上には人間にはない能力をもった生物がいる」……図8.1
- 「自然には色々な生き物がいる」……図8.3

以上の2つの結果と、図解法におけるアウトプットは作図者、あるいは作図グループの価値観の違いにより異なるものであるという大前提から、層別図解法と親和図法のアウトプットには、大きな違いは見られないと結論づけられます。

8.4　層別図解法はどれくらい早いのか？

8.3節の例では、9つの言語データカードを使用して層別をしていますが、この程度の言語データカードなら、層別Keyでの島作りは3分ほどで完了します。一方、親和図法では、同じ9つの言語データカードでも一枚一枚を親和性（近しい関係）でカードを寄せなければならないため、1枚のカードを寄せるだけで3分以上かかります。層別図解法と親和図法における最終的なアウトプットまでの時間の違いは、このスタート時点でのカード寄せの時間が大きく影響します。そのため、層別図解

法では、カード寄せ後の島替え手順に十分な時間をかけても、親和図法の作成にかかる時間を上回ることはまずありません。

　また、表札カードの作成は、一般的に時間がかかるものですが、層別図解法では島ごとに作られていくため、作成回数が少なくて済みます。これに対して、親和図法ではカード寄せごとに表札カードを作成していくため、さらにこの工程でかなりの時間がかかります。これも、親和図法が時間のかかる理由の一つです。

　親和図法と層別図解法との厳密な作成時間の比較は行っておりませんが、経験上、実務で作成した層別図解法は、総数100枚の言語データカードでは、言語データの収集から層別図解法作成、アウトプットまで、一番長くかかったものでも4時間でした。

　ここまで、層別図解法と親和図法の相違点を述べてきましたが、ご自身で層別図解法を使っていただき、その速さと効果を実感していただくのが、どんな説明よりもわかりやすいと思います。それにより、従来は親和図法に適したテーマといわれてきた、本質的で重要なテーマに対しても、層別図解法は十分に活用できる、と実感いただけることでしょう。

　ただし、だからといって層別図解法と親和図法がまったく同じ、というわけではありません。親和図は、これまで述べてきたように、親和性や情念といった右脳の働きを駆使した作図アプローチであり、層別のアプローチを用いる層別図解法とは当然差別化されるものと認識しています。

付録

1. 演習問題

「習うより慣れよ」ということわざがありますが、これは、QC手法を習得するときにも、当てはまる言葉です。まずは、手順を学び、ある程度の流れやそれぞれのステップでのポイントを把握したら、初めは手順を見ながらでも、実際の課題に取り組むことで、理解が深まり、応用も利くようになります。そういう観点から、みなさんが層別図解法を使いこなせるように、簡単な演習問題を収録しました。

はじめにお断りしますが、層別図解法で得られる解は、1つではありません。正解は、みなさん一人ひとりの中にあります。この演習問題に取り組むときは、特に第6章の作成手順を参考にして、まずは層別図解法の手順を学んでください。そして、作図過程を通して、みなさん一人ひとりの考え方や知識を駆使して、何らかの解を得てみてください。それが正解になります。

ですから、演習問題の最後に解答例を載せていますが、これは、あくまでも解答例にすぎません。演習にチャレンジする前でも構いませんので、参考にしてみてください。

家族旅行の検討

次の文章をよく読んで、山田家の父親になったつもりで、会話の内容を言語データ化して、言語データカードを作成し、層別図解法を使って、山田家の家族旅行企画の大方針を決めてください。

山田さんのお父さんは、仕事が忙しくて家族サービスが満足にできていなかった。都合よく今度の連休に予定されていた会社のお付き合いのゴルフがキャンセルとなったため、その連休を使って家族サービスをすることにした。
父親:「久しぶりの家族旅行だから、みんなが楽しめる旅行にしたいな。

みんなどんな旅行にしたい？」

長女：「私は海が好きだから海のあるところに旅行したいな」

次女：「私は海よりも山が好き！　特に海の景色が見える山に登りたい！」

母親：「私は、房総のお父さんの実家へ久しぶりに帰省して、おばあちゃんに会いたいな」

長男：「そうだ、房総半島には海も山もある。俺は、海で釣りがしたい」

次男：「俺は、ゲームをもっていくからどこでもいいや。お父さんの車はキャンピングカーだから、みんながアウトドアで遊んでいる間、車の中でゲームもできるしね」

母親：「じゃ、久しぶりに房総の食材でおいしいものを作ってあげよう。でも…家計が苦しいから費用はなるべく安く抑えたいな」

父親：「みんな好き勝手なこと言いやがって、どうしようかな？　そういえば、こないだ会社の研修で習った層別図解法を使って考えてみるか！」

◆問題1　言語データカードの作成

問題文から文章を言語データ化して言語データカードを作成してください。

◆問題2　言語データカードの層別

問題1で作成した言語データカードを層別して、島作り（グルーピング）を行ってください。

◆問題3　島替え

問題2で作成した各島の言語データカードを眺めて島替えを行ってください。

◆問題4　各島の表札作り

問題3で最終的にできた各島の表札を作ってください。

◆問題5　各島の関係性の図示

演習問題4で表札のついた各島の関係性を図示してください。

◆問題6　大表札作り

完成した層別図解全体をよく眺めて、大表札を作成し、家族旅行の企画の大方針を得てください。

◆問題7　マンダラート法

テーマを自由に決めてマンダラートの中心のセルに記入して、テーマに対する8つのアイデアを発想して各セルに書き込んでください。

模範解答

回答例1　言語データカードの作成

①	長女は海があるところへ旅行したい	⑥	母親は房総の食材を使う料理を作ってあげたい
②	次女は海よりも山が好きだ	⑦	次女は海の見える山に登りたいと言っていた
③	長男の趣味は海釣りだ	⑧	父親の実家がある房総半島には山も海もある
④	次男はアウトドアよりもゲームが好きだ	⑨	母親は父親の実家が好きだ
⑤	父親の車はアウトドア用のキャンピングカーだ	⑩	家族旅行の費用はなるべく抑えたい

回答例2　言語データカードの層別

層別 Key：「海」
①長女は海があるところへ旅行したい
②次女は海よりも山が好きだ
③長男の趣味は海釣りだ
⑦次女は海の見える山に登りたいと言っていた
⑧父親の実家がある房総半島には山も海もある

層別 Key：「山」
②次女は海よりも山が好きだ
⑦次女は海の見える山に登りたいと言っていた
⑧父親の実家がある房総半島には山も海もある

層別 Key：「旅行」
①長女は海があるところへ旅行したい
⑩家族旅行の費用はなるべく抑えたい

層別 Key：「アウトドア」
④次男はアウトドアよりもゲームが好きだ
⑤父親の車はアウトドア用のキャンピングカーだ

層別 Key：「母親」
⑥母親は房総の食材を使う料理を作ってあげたい
⑨母親は父親の実家が好きだ

層別 Key：「父親」
⑤父親の車はアウトドア用のキャンピングカーだ
⑧父親の実家がある房総半島には山も海もある
⑨母親は父親の実家が好きだ

回答例3　島替え

```
層別Key：「海」
・長男の趣味は海釣りだ
```

```
層別Key：「山」
・次女は海よりも山が好きだ
・次女は海の見える山に登りたいと言って
  いた
```

```
層別Key：「旅行」
・長女は海があるところへ旅行したい
・家族旅行の費用はなるべく抑えたい
```

```
層別Key：「アウトドア」
・次男はアウトドアよりもゲームが好きだ
・父親の車はアウトドア用のキャンピング
  カーだ
```

```
層別Key：「母親」
・母親は房総の食材を使う料理を作ってあ
  げたい
・母親は父親の実家が好きだ
```

```
層別Key：「父親」
・父親の実家がある房総半島には山も海も
  ある
```

回答例4　各島の表札作り

```
層別Key：「みんなやりたいこと
は違うが海と山のあるところへ行
けばよい」
・次男はアウトドアよりもゲームが好
  きだ
・父親の車はアウトドア用のキャンピ
  ングカーだ
・次女は海の見える山に登りたいと言
  っていた
・長男の趣味は海釣りだ
・次女は海よりも山が好きだ
・長女は海があるところへ旅行したい
```

```
層別Key：「父親の実家には海も
　　　　山もある」
・父親の実家がある房総半島には山も海も
  ある
```

```
層別Key：「母親は家計を優先する」
・母親は房総の食材を使う料理を作っ
  てあげたい
・母親は父親の実家が好きだ
・家族旅行の費用はなるべく抑えたい
```

回答例5　各島の関係性の図示

層別Key：「みんなやりたいことは違うが海と山のあるところへ行けばよい」
- 次男はアウトドアよりもゲームが好きだ
- 父親の車はアウトドア用のキャンピングカーだ
- 次女は海の見える山に登りたいと言っていた
- 長男の趣味は海釣りだ
- 次女は海よりも山が好きだ
- 長女は海があるところへ旅行したい

層別Key：「父親の実家には海も山もある」
- 父親の実家がある房総半島には山も海もある

層別Key：「母親は家計を優先する」
- 母親は房総の食材を使う料理を作ってあげたい
- 母親は父親の実家が好きだ
- 家族旅行の費用はなるべく抑えたい

回答例6　大表札作り

層別Key：「みんなやりたいことは違うが海と山のあるところへ行けばよい」
- 次男はアウトドアよりもゲームが好きだ
- 父親の車はアウトドア用のキャンピングカーだ
- 次女は海の見える山に登りたいと言っていた
- 長男の趣味は海釣りだ
- 次女は海よりも山が好きだ
- 長女は海があるところへ旅行したい

大表札
家族みんなが遊べて、家計への負担もかからない旅行先としては、房総半島にある父親の実家がよい

層別Key：「父親の実家には海も山もある」
- 父親の実家がある房総半島には山も海もある

層別Key：「母親は家計を優先する」
- 母親は房総の食材を使う料理を作ってあげたい
- 母親は父親の実家が好きだ
- 家族旅行の費用はなるべく抑えたい

2. 「層別図解法」演習時の注意点

　層別図解法の習得のためには、まずは演習から行ってみることが役立ちます。ここでは、グループで行う「演習時の注意点」を、演習を実際に行う側と指導する側の両方の視点から紹介します。

2.1　演習前の注意点
(1)　アドバイザーの指名(層別図解法の作図経験者)

　初めに、演習のアドバイザー(指導講師)を指名します。演習時でのアドバイザーの役割は大きく、班ごとにアドバイザーを置くことが理想ですが、班数が多い場合は、2班に1人くらいの割合でも、その役割は果たせます。QCサークル千葉地区のセミナーでは、アドバイザーは層別図解法を実際に作図した経験のある方に担当してもらっています。

(2)　役割と分担

　グループでの演習時には、「進行役」、「タイムキーパー」、「書記」をまず決めます。演習時の「進行役」、「タイムキーパー」、「書記」を同じ人が繰り返し担当しないようにすることが重要です。同じ人が担当すると、傍観者(遊んでしまう人)を生む可能性があります。

(3)　スケジュールの提示

　あらかじめ演習全体の大まかなスケジュールを提示します。また、休憩は班ごとにとってよいことも事前に周知します。これにより、規律ある休憩の設定へとつなげることができます。

　　演習前におけるスケジュールの提示例：
　　　① 　〇時まで言語カード作成
　　　② 　〇時まで層別での島作り
　　　③ 　〇時まで島替え
　　　④ 　〇時まで表札作り

　このスケジュールを基に、タイムキーパーが主体となって、班の作業

進行をコントロールします。

(4) 言語データカードは見やすく書く

付せんには、見やすいように「黒のサインペンで大きくはっきり書く」ことを周知します。鉛筆やボールペンでは見えにくいため、必ず黒のサインペンを用意します。

(5) パワーポイントなどで「完成例」として受講者に示す図の「表札」や「言語データカード」の色と、演習時に使う付せんの色を同一（同じ色を準備する）にします。

(6) テーマを「〜にするためには」という書き方で設定してしまうと、手段の言語データばかりが出てきやすいので注意します。手段や方策を書かせるような表現であったり、体言止めであったりしてはいけません。

2.2 演習中の注意点

(1) 進捗

アドバイザーは、進行役に対して、進行中の作業内容の確認などを行うようにし、タイムキーパーに対しては進捗（作業の進み具合）を尋ねるように心掛けます。

(2) 言語データカード集め

① 「ありたい姿」を言語データで想起するケースで、苦労することがあります。このような場合、先に洗い出した問題点をまずは拾ってみることで打開できます。

例えば、「チーム員同士のカベがある」が問題点として挙げられているとすると、

「チーム員同士のカベをなくす」……手段・方策になってしまっているため ×

「チーム員同士のカベがない」………状態を示しているため ○

このように、「問題の逆の状態」を考えることで「ありたい姿」になっていきます。

② データ数が多い場合は、無理に1枚の模造紙で作図せず、データ集めのときでも、島作りのときでもよいので模造紙を追加します（1つの班につき2枚程度の模造用紙を準備する）。

③ 島分け時に修正が大変になるため、「1つの付せんには1つの内容だけを書くこと」、「体言止めは厳禁」という点に注意します。例えば、「フロアの清掃」という体言止めの言語データでは、フロアの清掃がされているかどうか、またフロアの清掃がしっかりされているかどうか、判断できません。人によって解釈がばらついてしまうため、繰返しになりますが、体言止めは禁じ手です。

④ 言語データカードには「書いた人の名前」を書いておいても、もちろんよいでしょう。こうすることで、その言語データカードの「本当にいいたいこと」を後で本人に確認しやすくなるとともに、その言語データカードが「これはよい意見だ！」とメンバーから認められた場合、その人の「有能感」につながります。これはルールではありませんが、必要に応じてアドバイスします。

⑤ 言語データカードを付せんに書く際は、他のメンバーとの重複を避けるため、書き終えたら声に出し、他のメンバーにわかるようにします。作図時間に余裕があればいわなくてよいですが、時間がなく、手早くまとめたいときは、この方法が有効となります。

(3) 層別・島作り

① 島作りで同じようなデータカードが出た場合は、カードを重ねないことが重要です。カードを重ねないことで、どの島に意見が多かったかを「見える化」でき、散布図的に活用できます。言語データカードは、「一字一句同じ」あるいは「まったく同じ内容」でない限り、重ねずに全体の数を書くなどして、意見が多く出たと意識

づけます。
② 1つの島の言語データカードが多い場合（目安として 20 個以上）は、その島内でさらに層別できないか考えます。「わけることはわかること」を強調して指導するとよいでしょう。
③ 島作りの段階で、言語データカードの「島替え」をしようとする勘のよい方がいますが、アドバイザーはこれを否定せず、そのまま進めてもらいます。スピード感が出てよいので、逆に褒めてあげると盛り上がります。

(4) 島替え・表札作り
① 「層別 Key」と「最初に作る(小)表札」の区別をつけられていない班が現れる可能性があります。そのため、両者は明確に違うものであることをアドバイザーから指導する必要があります。また、島替え後の表札作りの際は、層別 Key よりも表札イメージを強調するために、層別 Key は取り外します。
② 受講者が悩む最大のポイントが「表札作り」ですが、最初から百点満点を望まずに、「その島の各意見がいいたいことを一言で表すと何なのか？」ということを、明確にイメージします。ここの段階が、この演習の肝となります。

あまりにも進まないようなら、アドバイザーが介入して指導することは必要です。この場合、言語データカードを表札にしてもよいのですが、抽象度が低くなるため、層別図解法の真髄である「新たな発想の創出」を妨げる可能性もあります。したがって、抽象度を上げていい換えるような表札を作るよう指導します。
③ 「きらりと光る言語データカード」を見つけ、そこから連想して大表札を作る方法があります。また、各島をつないでいる「原因⇒結果」の「⇒」から、「A だから B、B だから C…」というように、論理を展開して結論に導く方法もあります。これによって、表札作

りがイメージしやすくなります。

④ 「中表札」には2つ以上の内容が入ってもかまいませんが、「体言止めにはしない」ことに注意が必要です。抽象度を上げて島の内容がイメージできるように表現するよう指導します。

⑤ 表札の内容が、島の中にある言語データの内容と合っているのかを必ず確認します。こうすることで、表6.3「悪い表札の例」のようになってしまうのを避けることができます。

⑥ 「表札」という言葉自体が、「○○家」のような「家の表札」を受講者がイメージしてしまうため、「体言止めの表札」を作ってしまう要因になることがあります。ですから、「表札」は主語＋述語で述べられた「見出し」として考えると、理解が進むようになります。

⑦ グループ分けした「島」の中には、内容的に「表札」を作りにくい島もあるので、アドバイザーは「その島の表札検討は後回しにする」、つまり作りやすい表札から着手するよう指導すると、円滑に進められます。

(5) 島間の関係性探索

島の関係性探索の際は、「→」「⇔」だけでなく、島＋島＝島（島と島（2つの要因）が組み合わさって別の島（要因）を生み出している）のような使い方も面白いので、アドバイザーは基本的な進め方が合っているか確認できれば、自由にやってもOK、と指導します。実際に使う人たちに自由度をもたせて活用することを推奨することで、層別図解法自体が進化し、思考の発展と新たな発想を生み出すことにもつながります。

(6) 大表札・まとめ

「大表札」に3～4つの内容が入ってしまうことが多々あります。その場合、箇条書きにするとスッキリまとまります。ただし作図の過程で「大表札のイメージ」が徐々に受講者の頭の中にでき上がっていっているため、アドバイザーはその点を念頭に置いて指導する必要があります。

引用・参考文献

1) 二見良治：『TQC に役立つ図形思考法』、日科技連出版社、1985 年
2) 納谷嘉信、倉林幹彦、加古昭一、二見良治：『管理者・スタッフのための新 QC 七つ道具の手引き』、日科技連出版社、1986 年
3) 片山善三郎、斎藤衛、杉山哲朗、常盤繁夫、野田裕充、藤田菫、細谷克也、横沢利治、米山高範：『すぐに使える QC 手法』、日科技連出版社、1988 年
4) 外山滋比古：『思考の整理学』、筑摩書房、1986 年
5) 加藤昌治：『考具』、CCC メディアハウス、2003 年
6) 山本泰彦：「ここが違う！層別図解法と親和図法」、『QC サークル千葉地区研修資料』、QC サークル千葉地区、2014 年

索　引

【英数字】

KJ 法	43
NM 法	43
PDPC 法	14
QC 七つ道具	92
QC 手法	10

【あ】

圧縮化	56
——のポイント	57
アロー・ダイアグラム法	43、93
いい過ぎ型	72
意見データ	17、35
一匹オオカミ	64

【か】

拡散思考	41
——法	43
関係性探索	72
感情の関	41
系統図法	4
言語データ	7、30
——の種類	35
言語データカード	53
原始情報	52
——の主な収集方法	53
行動連結型マンダラート図	46
ゴードン法	43

【さ】

先走り型	72
散布図	81
事実データ	17、35
島替え	66
島作り	64
——のポイント	64
島の統合	76
収束思考	41
——法	43
焦点法	43
新 QC 七つ道具	92
親和図法	3、43
親和性	3
推定データ	17、35
数値データ	7
図解	12
図形思考法	14
図表	12
成功シナリオ	99
層別	3、24
——のポイント	26
層別 Key	63
層別図解法	3

──と親和図法の作成手順の違い　134
　　──の作成手順　52

【た】

代表的な発想法　43
足し算型　72
単位化　55
　　──のポイント　56
単語型　72
チェックリスト　43
抽象度　36
中表札　79
特性　22
特性要因図　4

【な】

認識の関　40

【は】

発想データ　17、35
ヒストグラム　22
ビッグデータ　60
表札　69
　　──のまとめ　81

　　──の例　71、74
ブレーン・ストーミング　43
文化の関　41
変形マンダラート図　46

【ま】

マトリックス図法　4
マンダラート図　45
マンダラート展開　45
マンダラート法　42、43
磨きがけ　57
　　──のポイント　60
目次型　72

【や】

要因　24
予測データ　17、35

【ら】

連関図法　13
連想対応型マンダラート図　46

【わ】

悪い表札の例　72

監修者・著者紹介

山本　泰彦　（やまもと　やすひこ）　監修、第2章、第7章執筆担当
　千葉日産自動車株式会社　元顧問。
　　QCサークル千葉地区　地区長、日科技連EQMセミナー　運営委員長、新QC七つ道具東京研究部会　会員。

藤田　敬泰　（ふじた　たかやす）　全体編集、第4章、第6章、付録執筆担当
　株式会社荏原製作所富津工場生産室研修グループ。
　　QCサークル千葉地区　幹事・企画委員長。
　　QCサークル指導士。

猿渡　直樹　（さるわたり　なおき）　第3章、第5～8章、付録執筆担当
　NSMコイルセンター株式会社管理本部　品質・技術部長。
　　QCサークル千葉地区　顧問、南総QCサークル同好会　相談役、新QC七つ道具東京研究部会　会員。
　　QCサークル上級指導士。

藤岡　秀之　（ふじおか　ひでゆき）　第1章執筆担当
　日鉄住金物流君津株式会社物流技術部技術企画管理課　担当課長。
　　QCサークル千葉地区　幹事、南総QC同好会　相談役、新QC七つ道具東京研究部会　会員、君津協力会［AC&M活動部会］副幹事長。
　　QCサークル上級指導士。

近藤　正人　（こんどう　まさと）　第1章、付録執筆担当
　吉川工業株式会社君津支店業務室　マネジャー。
　　QCサークル千葉地区　副世話人・事務局。
　　QCサークル指導士。

浦邉　彰　（うらべ　あきら）　第6章執筆担当
　新日鐵住金株式会社君津製鐵所薄板部表面処理工場電気めっき塗装課検定・資材管理班　班長。
　　QCサークル千葉地区　幹事、南総QC同好会　会長、新QC七つ道具東京研究部会　会員。
　　QCサークル指導士。

上家　辰徳　（うわや　たつのり）　第6章執筆担当
　新日鐵住金株式会社君津製鐵所厚板部厚板工場厚板課。
　　QCサークル千葉地区　幹事、南総QC同好会　事務局、新QC七つ道具東京研究部会　会員。
　　QCサークル指導士。

アイデアを生み出す超問題解決法
層別図解法

2016年2月24日　第1刷発行

編　者　QCサークル千葉地区
監修者　山本泰彦
著　者　山本泰彦　藤田敬泰
　　　　猿渡直樹　藤岡秀之
　　　　近藤正人　浦邉　彰
　　　　上家辰徳
発行人　田中　健
発行所　株式会社 日科技連出版社
〒151-0051　東京都渋谷区千駄ケ谷5-15-5
　　　　　　DSビル
　　　　　電話　出版　03-5379-1244
　　　　　　　　営業　03-5379-1238

検印省略

印刷・製本　㈱中央美術研究所
URL　http://www.juse-p.co.jp/

Printed in Japan
©Yasuhiko Yamamoto et al., 2016
ISBN 978-4-8171-9581-4

本書の全部または一部を無断で複写複製(コピー)することは、著作権法上での例外を除き、禁じられています。